高等学校艺术设计专业课程改革教材

园林景观手绘效果图表现技法

主　编　于英丽　邢洪涛
副主编　张国印　陶梦华
编　委　谢　芳　张秀梅

清华大学出版社
北京交通大学出版社
·北京·

内 容 简 介

园林景观手绘效果图是设计师在描绘创作构思过程中必须具备的基本功之一，本书进行了整体详尽的介绍。包括：绘制工具及其使用方法；园林景观设计中常见设计元素的手绘表现方法与技巧；绘图中透视表现方法及画面构图技巧；手绘效果图的基本表现技法；园林整体方案设计与表现的操作实务等。为了使读者对表现技法有更实际与直观的理解，本书配有大量精美的实例和效果图范例供读者欣赏与借鉴。

本书可作为景观设计、观赏园艺、环境艺术设计、城市规划等专业学生的教材或教学参考资料，也可作为景观设计人员及手绘爱好者的参考用书。

图书在版编目（CIP）数据

园林景观手绘效果图表现技法／于英丽，邢洪涛主编．—北京：清华大学出版社；北京交通大学出版社，2012.6（2020.12 重印）
（高等学校艺术设计专业课程改革教材）
ISBN 978-7-5121-1054-0

Ⅰ.① 园… Ⅱ.① 于… ② 邢… Ⅲ.① 景观-园林设计-绘画技法-高等学校-教材 Ⅳ.① TU986.2

中国版本图书馆 CIP 数据核字（2012）第 140476 号

策划编辑：吴嫦娥　　责任编辑：赵彩云
出版发行：清 华 大 学 出 版 社　　邮编：100084　　电话：010-62776969
　　　　　北京交通大学出版社　　邮编：100044　　电话：010-51686414
印 刷 者：艺堂印刷（天津）有限公司
经　　销：全国新华书店
开　　本：210×285　　印张：7　　字数：222 千字
版　　次：2012 年 7 月第 1 版　　2020 年 12 月第 4 次印刷
书　　号：ISBN 978-7-5121-1054-0/TU · 85
印　　数：7 001～8 000 册　　定价：39.00 元

本书如有质量问题，请向北京交通大学出版社质监组反映。对您的意见和批评，我们表示欢迎和感谢。
投诉电话：010-51686043，51686008；传真：010-62225406；E-mail：press@bjtu. edu. cn。

前言

手绘效果图，从本质来说，是设计表现的一种形式，是一种视觉语言。语言的目的就是沟通，不管何种形式的效果图，甚至图纸、模型、动画，其目的就是达到设计者与外界的有效沟通。反过来说，如果能够达到有效的沟通，能够实现设计师设计思想准确、完整和快速的表达，那么任何形式都是可以的。

手绘效果图，从设计师角度来说，又不仅仅是设计表现，它是设计师思考的一种方式。设计的过程应该是“眼睛—大脑—手—眼睛”的连续螺旋式上升运动，“设计”就在这个过程中不断地完善与成熟起来，而“手”在这个过程中是不可或缺的一环。有一个成语叫做“心灵手巧”，从设计角度来说，二者是互动的，“心灵”手更巧，“手巧”心更灵，磨炼“手”的过程，就是磨炼“心”的过程。我们从达·芬奇留下的大量手稿中可以感受到巨匠的伟大设计思想。而从古至今所有的设计训练都是从手开始的，优秀的设计师无一例外都有非常扎实的手绘功夫，他们能够随时随地用“手”绘图来帮助大脑思考。

但是这一切在当下仿佛发生了变化：计算机辅助设计发展的速度太快了，几乎一夜之间颠覆了所有的东西。精美的画面可以和现实场景以假乱真，是手绘无论如何也达不到的效果；它更精确、更真实；它配上声、光、电，能让人目不暇接；它能让一个只受过简单电脑训练的人跨过行业门槛……

技术的进步无论如何也不能说是坏事，可以说，我们行业这几年的巨大发展主要是靠计算机辅助设计带来的。但是，巨大的技术进步和巨大的产业市场并不是支持行业向更长远、更高层次发展的决定因素。那么，决定因素是什么呢？是人，是我们的设计师队伍的素质。而我们现在的问题是思想上的问题，具体表现在错误地把计算机技术等同于设计本身；错误地把计算机辅助设计水平的提高当做设计水平的进步。举例来说，设计就是一张电脑效果图？一张漂亮的、逼真的电脑效果图就是一个好的设计？就好像一个漂亮的酒瓶里边装的一定是美酒？错误的事情不可怕，错误的观念最可怕。

所以我们要回到原点——手绘。

刚才我们说过，如果能够达到有效的沟通，能够实现设计师设计思想的准确、完整和快速的表达，那么任何形式都是可以的。而手绘是这些形式中最自然、最人性化的一种。它的特点第一就是快，设计灵感是一闪念的，一双灵巧的手会在一闪念中把它捕捉下来，固定到纸上。设计是一种服务行业，怎样和客户沟通、充分了解客户想要什么，这是每一个设计师所要面对的大问题，最好的方式是思想上的碰撞（碰撞的火花往往就是设计灵感）。我们设想一种场景：一杯茶，几张纸，一支笔，一边听客户对未来效果的描述，一边不停地画……突然间，客户眼前一亮：“对，我要的就是这个东西!”这时，我们其实已经完成了设计的关键工作，而手绘语言在这个沟通过程中，是其他语言所不能达到的。在整个过程中，设计师还表现出了扎实的功力：手—脑—眼睛的高度协调一致，这是所有的优秀设计师都具备的。

如何达到这一点?

首先，要端正思想，克服浮躁。正确认识手绘基本功，这是设计师内在素质的重要体现，是设计向更高、更深层次的必由之路。手绘功夫的锻炼，时间长、见效慢，需要沉下心来，长期坚持。年轻的设计师只有克服浮躁心态，克服功利至上的思想才能够有所进步。

其次，要学会积累。手绘是手—脑—眼睛的高度协调运动。用手去画我们看到的东西，用绘画来描摹客观事物的过程不是简单的记录过程，它是大脑深层次的分析、理解甚至再创造物体的过程；这是只靠拍照、观察记忆所不能达到的过程。养成用手绘来积累的好习惯，画下来的东西会在我们大脑形成深刻的印象，它会让我们的设计思维更活跃，对客观事物的形象更敏感，大量的印象时间久了就形成了设计师的文化积淀，成为设计师创作灵感产生的土壤。

这几年，我们形成了一个固有的观念，仿佛手绘效果图的用途只停留在了草图阶段，但是在人们对铺天盖地的电脑图开始出现审美疲劳后，手绘效果图以其特有的亲和力开始为人们所重新认识。特别是在园林景观设计方面，手绘图能够表现出电脑效果图难以表现的艺术效果，而为广大景观设计师广泛采用。另外，手绘效果图特有的艺术气息也使其本身作为一件艺术品为人们所喜爱、欣赏。

本书的编写团队由高等院校有丰富教学经验的教师组成，由河北科技大学唐山分院于英丽和江苏建筑职业技术学院邢洪涛担任主编，河北科技大学唐山分院张国印、陶梦华担任副主编。于英丽统稿，并编写第一章、第二章；邢洪涛编写第四章、第五章；张国印编写第三章；陶梦华编写第六章。此外，感谢廊坊师范学院谢芳、河北科技大学唐山分院张秀梅等参编人员的协助，以及高红然、经红颜、孟银虎等学生提供的练习作品，感谢北京交通大学出版社吴嫦娥、赵彩云编辑对本书的编写与出版工作给予的热情指导和诸多帮助。

由于作者水平有限，不妥与疏漏之处在所难免，恳请广大读者批评指正。

2012 年 6 月

目录

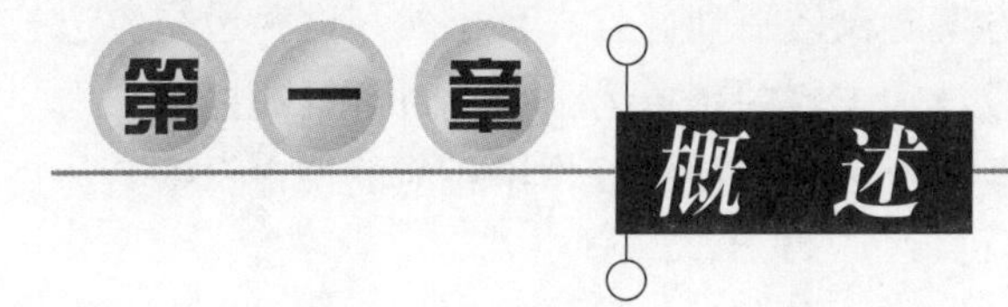

【训练目的】

通过对手绘效果图的地位、意义、作用和应用领域的介绍，了解学习的原则和基本方法。

【建议课时】

4 学时。

效果图的表现技法是室内外设计或产品设计程序中的一种表现形式，是设计师经常应用的一种传递信息、表达结构构思和设计说明的手段。我们知道，设计师在创作设计过程中，是将自己的构思、形态，用描绘的方式表达出来的，因此，这种表达是一个从无到有的过程。空间设计是以设计出一个合理的、适用的、美观的环境空间为结果的，这种结果就是通过效果图表现技法的媒介说明最终完成的。效果图表现是设计师在设计过程中将构思转化为可塑形象的重要环节。

表现技法是设计师传达设计创意必备的技巧，是设计的语言，是设计全过程中的一个重要环节，设计师在一定的设计思维和方法指导下，把符合生产施工条件和消费者需要的设计构想通过技巧进行视觉加工，从而将设计思想和设计概念转化为可实行的设计作品。因而，表现技法这种专业化的特殊语言便称为效果图。

一、效果图在设计程序中的地位

用图 1-1 来说明。

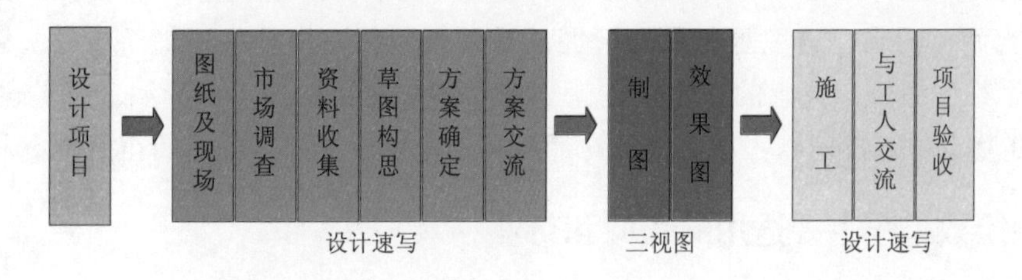

图 1-1　效果图在设计程序中的地位

从图 1-1 中可以发现效果图在环境设计中的位置和作用。所以设计师不仅要掌握设计过程中各要素的相关知识，也需要掌握效果图的各种表现手段，只有这样，才能得心应手地把设计意图表现出来。这也是作为合格设计师必须具备的素质之一。

二、学习园林景观手绘效果图的意义和作用

在这里，我们所说的是徒手表现的园林景观效果图表现技法，效果图的最终目的是体现设计者的设计意图，使观者能够直观地感受到空间的魅力和设计的功能性。

效果图是设计师思想的外化表现，设计师头脑中构思的装饰效果看不到、摸不着，只有通过一定的形式把它表现出来，展示给业主看，构思才能得到认可，方案才能变成现实。效果图是环境空间设计整套图纸中的一部分，作为一种视觉语言，它表达了设计者对自己创造的空间、形体、环境、气氛等方面的理解和向往，是技术与艺术的结晶，让业主能在第一时间内大概了解到所需要的环境空间效果，简单

地说就是意向图。这种方式比较快，也比较方便，在讲解方案时比较清晰并且一目了然，这种边交流边手绘的过程，其实是体现设计师的设计理念和观念，表现设计师丰富的想象力，以及对场景的描述能力和理解能力，创作出想要的大概场景，也能在短时间内让业主大致了解情况以作出相应的决定。手绘与电脑绘制相比更快、更自然，艺术性更强一些。

由于计算机的迅速发展，设计软件逐步更新，功能也逐步增加，能够便捷准确地表达设计效果，但是完全依靠计算机去表现设计效果的状况，使很多设计师最基本的手绘能力不断下降，对设计的思维创新有一定的负面影响。因为很多优秀的设计方案都是通过手绘来表达完成的，在推敲方案过程中，能够及时迅速地修改，灵活而方便，然而计算机却不能，它仅适用于被动地借助机器体现最终效果，渲染和调整需要花费大量的时间。因此，在园林景观设计中，尤其是设计初期方案时更要重视手绘效果的表达，尽量不要依赖计算机。优秀的电脑效果图，前期都是手绘草图表达的，所以，我们要利用手绘的创作过程，掌握艺术创作原创性、自由性，开拓视野和思维，激发想象力，提高审美价值与艺术修养，利用手绘本身的特色，有针对性地进行方案创作，在竞标方案的过程中争取以特色取胜。

效果图的作用归纳起来有三个方面：第一，为景观环境设计服务；第二，为施工服务；第三，为业主服务。

三、学习景观效果图应该具备的素质和能力

首先，要进行室外写生练习，多画一些室外速写素材，如植物、建筑和水景等。练习场景透视关系，特别是室外建筑的多点透视、建筑的结构和建筑的装饰构件等，这样的创作训练是设计类学生必须要经历的过程。只有对事物进行细致的观察、分析、归纳和总结，理解环境中物体的本质，才能为创作积累素材；写生的过程，也是在学习和理解物体各方面的知识，要注意感受，学会虚实和取舍，不要把看到的所有东西都表现在画面上，即后面所讲构图与画面的关系；要提炼和强化画面中的主要部分，创造视觉的中心点。

其次，对水彩、水粉、彩色铅笔、马克笔进行创作训练。这个过程不能忽视，如果在这个环节达不到效果，就会在绘制效果图时没有自信，无法把握画面整体效果。

最后，要做绘图笔记。经常随身携带速写本，用来收集素材，训练构图的思维和设计草图，特别是对事物结构以及空间、明暗、透视等关系的把握，是效果图创造中很好的锻炼方法。训练草图与构思，其实也是对设计思维的锻炼，灵感的产生往往就来自于我们生活中的点点滴滴。好的创意是需要不断思考的，也是在不断修改中寻找问题，从而使设计师对实物描绘表现的能力不断得到提高和升华。

四、景观手绘效果图主要适用的领域和行业

随着我国现代化建设步伐的加快，公共设施和基础建设随之得以改进。而城市的建筑景观，包括城市公园、风景名胜区、城市广场、住宅居住区、景观大道、地改造、新农村规划设计、城乡景观的建设，都与景观设计息息相关，因而，手绘效果图在景观设计中运用的领域越来越广泛，实用性更强。

五、园林景观手绘表现技法主要内容

园林景观手绘表现技法主要内容包括：园林植物表现技法、园林假山表现技法、水景表现技法、园林建筑表现技法、园路表现技法和园林小品表现技法等。

六、效果图必须遵循的原则及学习方法

（一）基本原则

绘制效果图与其他表现图一样，必须遵循四个基本原则：真实性、科学性、艺术性和超前性。

1. 真实性

效果图与一般绘画相比，有自身的特性，主要是它吸收了建筑工程制图的一些方法，对画面形象的准确性和真实性要求较高，画面效果要忠实表现实际的空间，简洁概括，各方面都必须符合规范要求，并充分表现设计思想。真实性是效果图的生命线，绝不能脱离实际的尺寸，或者完全背离客观的设计内容而主观片面地追求画面的“艺术效果”，或者一定程度的写意寄情和过分夸张，表现出的气氛效果与实际效果相差甚远。虽然现代表现技法有日趋成为独立画种的趋势，具有艺术性和欣赏性，但它还不是“纯美术绘画”，因此，它的真实性始终应该放在第一位。

2. 科学性

目前，无论是计算机还是手工绘制效果图都是建立在几何透视学、光学、色彩学等科学成果的基础上，具有高度的科学性。科学性既是一种态度，也是一种方法。作图过程中，必须用科学的态度对待画面表现上的每一个环节。首先要有准确的空间透视，其次要表现材料的真实、固有色彩和质感，需要尽可能真实地表现光、物体的阴影变化。这种近乎程式化的理性处理过程往往会取得真实满意的效果。效果图中强调画面平衡、稳定，这也属于科学性的范畴。

3. 艺术性

效果图既是一种科学性较强的工程施工图，也是一种具有较高艺术品位的绘画艺术作品，因此，绘画中所体现的艺术规律也同样适用于表现图中，如对比、节奏、色彩变化、明暗、虚实关系及意境等。但手绘表现效果图的艺术魅力必须建立在真实性和科学性的基础上，也必须建立在造型艺术严格的基本功训练的基础上。在真实的前提下合理地适度夸张、概括与取舍也是必要的。选择最佳的透视角度、最佳的色彩搭配、最佳的环境气氛、最佳的构图方式，本身就是一种真实基础上的艺术创作，也是效果图表现的进一步深化。

4. 超前性

效果图不同于一般的写生和绘画，可以照着对象摹写。它表现的是现实中本来不存在的东西，是设计者充分展示个性，用自己艺术的语言去创造的理想的场景空间，它是园林景观施工之前的概念性作品，代表着未来实景的效果，同时还可以修改完善。所以，效果图表现与一般的造型方法相比具有超前性。

（二）表现技法的学习方法

（1）临摹法：临摹一些成熟的作品，注意临摹作品要由简单到复杂，做到认真细致，不断分析，掌握要领，循序渐进，坚持不懈。

（2）强制法：在短期内集中学会几种程式化的绘图技法，如基本技法的训练、界尺的运用、材质的表现方法训练、光影动感的表现方法等。

（3）移植法：每个人绘制效果图的过程中都应有自己不同的风格，都应该用最新的材料与工具，尤其对于初学者，要善于发现不同技法中的优缺点，进行合理的技法移植，使表现的空间达到完美的境地。

【作业要求】

讨论手绘效果图对园林景观设计的辅助作用及发展前景，形成 1 500 字论文。

【作业规范】

A4 复印纸。

第二章 常用手绘工具及材料的用法与特点

【训练目的】

通过对本章的学习，熟悉常用手绘工具及材料用法，掌握材料特点。

【建议课时】

4 学时。

第一节　常用手绘工具和材料介绍

设计师绘图最基本的能力之一就是对于工具的合理使用。通过不同工具的使用，把设计过程中好的想法和理念表现出来，才能实现自己预期的效果，才能表达设计师需要的概念创意。由于所画的内容和表现手法不同，设计表现就需要使用不同的绘画工具和辅助材料，为了追求最终画面效果的完美，可以“不择手段”地使用各种工具来表现，与传统意义上的绘画相比较，手绘从工具到技法更加自由无拘束，这就要求设计师要熟悉各种常用工具并掌握它们的使用技巧，将每一种工具的特色发挥出来。下面简单介绍几类常用的手绘工具。

一、笔类

笔对效果图表现而言至为关键，在效果图中综合运用不同的画笔进行绘制，可以丰富图面的表现效果，并方便刻画细节。掌握好各种笔的特性并能纯熟地运用，是画好一张效果图的前提。在了解了效果图的类型后，可有目的地选择画笔类型，如要绘制概念方案图时，可以选择铅笔、钢笔、中性笔、针管笔等来表现；需要表现大的景观场景如背景色、天空、水面、草地等，可选用大白云、羊毫的水彩笔，甚至排笔；绘制精细过渡和光影变化微妙柔和的墙地面时，可以选择笔触细腻的彩色铅笔、水溶性铅笔、喷笔等。笔的种类繁多，现代的绘图工具层出不穷，为丰富效果图表现带来了极大的方便。每一次技术革命都带来表现技法的新技法和新效果。

（一）铅笔

铅笔是绘画过程中使用频率最高的工具之一，在手绘中也占据了重要地位。铅笔可分为绘图铅笔、自动铅笔、木炭铅笔、速写铅笔、彩色铅笔等几大类。

图 2-1　绘图铅笔

1. 绘图铅笔

绘图铅笔（见图 2-1）用途广泛，根据铅芯中石墨含量的多少可分为 H 和 B 两种型号，其中 H 型包括 1H ～ 6H 六种硬性铅笔，B 型包括 1B ～ 8B 八种软性铅笔；HB 型颜色、粗细和软硬均适中，为中性铅笔。很多专业人员喜欢使用软性铅笔，以寻求细腻的变化，其中最常用的有 HB、2B、4B、6B、8B。软硬不同的铅笔表现出来的线条、色质、色调是有变化的，在方案草图起稿时，运用适宜的铅笔对丰富画面效果、表达设计理念起到非常重要的作用。在表现时，硬性铅笔笔芯细、笔尖坚硬、颜色轻淡，易划伤纸面，且不容易用橡皮擦掉。用的时候要掌握力度，尽量轻画。软型铅笔铅笔笔芯粗、笔尖柔软、颜色浓重，耗损快，容易被擦掉或者蹭掉，也容易弄脏画面或者上色时污染颜色，使画面颜色变脏。初期打稿过程推荐使用 HB、1B、2B 这几种，绘画使用 2B 以上的铅笔，笔触手感会更加舒适，HB 以下的铅笔多用于制图。

在使用绘图铅笔绘制线稿过程中，需注意以下几点：

（1）要将铅笔笔芯削细，并使用尖细的笔尖勾勒草稿，始终注意图线粗细的一致；

（2）运笔力量和速度保持均衡，线条才能圆润饱满；

（3）作图时，将笔向运笔方向微微倾斜，并在运笔过程中匀速转动铅笔，使笔尖磨损均匀，保证图线的质量。

2. 自动铅笔

自动铅笔（见图 2-2）节省了削笔的时间，在表现过程中笔尖粗细一致，十分方便，起稿时往往用自动铅笔代替绘图铅笔。常见的自动铅笔铅芯为 0.5 mm、0.7 mm、0.9 mm 三种，硬度多为 HB，也有较粗软的专门用于草图勾勒的自动草图笔。

3. 木炭铅笔

木炭铅笔（见图 2-3）质地硬，色调为黑色，画出的东西浓淡、层次变化丰富，质感很好，视觉对比强烈，而且可以辅助手指涂抹产生柔和的色调层次，适合刻画细部，是一个很好的绘画工具。缺点是碳粉附着力不如铅笔强，容易弄脏画面，不利于着色，故使用的频率不是特别高。

图 2-2　自动铅笔

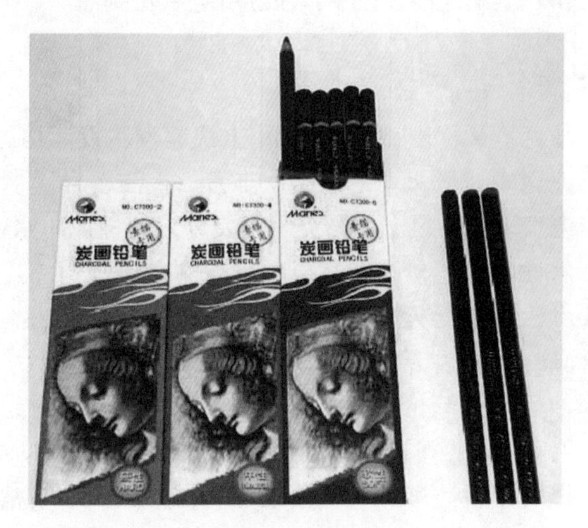

图 2-3　木炭铅笔

4. 速写铅笔

速写铅笔（见图 2-4）与木工铅笔类似，笔芯宽扁。在绘制的过程中进行粗略的表现和简单的交代细部关系时均可使用，但不擅长表现细部。

5. 彩色铅笔

彩色铅笔（见图 2-5）分为油性彩色铅笔和水溶性彩色铅笔，颜色有 18 色至 48 色多个类型，彩色铅笔可以画出丰富的层次，可以画出韵律感的线条，可以表现柔和的效果，无论是概念性的草图绘制、设计方案还是成品的效果图，彩色铅笔可以说是一个方便快捷、表现力强的绘图工具。水溶性彩色铅笔绘制完以后，颜色溶于水，加水可以渲染，具有水彩效果，质感变化比油性彩铅更加丰富，在实际绘制过程中水溶性彩色铅笔运用得比较多。

（二）绘图笔

绘图笔分为水性和油性的，主要包括针管笔、签字笔、勾线笔等黑色的碳素类墨笔。这里以针管笔为例进行说明。针管笔（见图 2-6）是主要的绘图工具，能绘制出宽度一致的精确线条，笔头是长约 2 cm 的空心圆管，里面有一根活动的钢针，根据管径的粗细，有 0.1 ～ 2.0 的不同型号；墨水采用碳素类颗粒颜料为显色剂，维护比较麻烦，通常用于工程制图等精密细致的绘图。常用的绘图针管笔品牌有德国红环、辉柏嘉、宝克、施德楼、樱花等。针管笔分为一次性使用的和可重复注墨使用的两种。一次性针管笔又称草图笔，不能注墨，无须清洗，价格略贵，但保养简便、携带方便、笔头顺畅，没有滴墨现象，图线干燥时间短，有利于画面的整洁，使用起来非常方便，因此在设计方案绘图和速写表现时多用一次性针管笔。

初学者使用针管笔绘图时需注意以下几点。

（1）针管笔型号较多，但不需全部购置，常备的针管笔有细、中、粗三只即可，注意笔尖粗度要区分度适当。一般为 0.1、0.3、0.5 三个型号，也可根据绘图需要选购。

（2）绘制线条时，针管笔身应尽量保持与纸面垂直，保证图线平直，粗细一致。

（3）针管笔作图顺序应依照先上后下、先左后右、先曲后直、先细后粗的原则，运笔速度及用力应均匀、平稳。

（4）使用可重复使用的针管笔时，画线过程中尽量避免停顿，以免滴墨污染画面。此外，还需要定期清洗针尖，以保持用笔流畅，延长针管笔使用寿命。

（5）注意保养，不用时盖上笔帽，避免墨水干结。

（6）运笔速度要适中，注意用笔从左到右、从上到下的运动规律，画图时不能太快，更不能反向运笔。

（三）马克笔

马克笔又称麦克笔，通常用来快速表达设计构思及设计效果图之用。有单头和双头之分，颜色上百种，能迅速地表达效果，色彩层次丰富，技法多样，即使重复上色颜色也不会混合，是专业人员最欢迎的一种彩色表现工具之一。马克笔主要分为两种，即水性马克笔（见图 2-7）和油性马克笔（见图 2-8）。

水性马克笔价格便宜，颜色亮丽富于透明感，局部可溶于水，和水彩笔结合有淡彩的效果，但多次叠加颜色后会变灰，笔触衔接易产生杂乱破碎之感，而且容易伤纸，修改后变污浊状态，影响画面效果；适合画一些笔触透明叠加的快速表现作品。

油性马克笔价格相对较高，快干、耐水、耐光性相当好，对普通纸张有较强的渗透性，颜色饱和度高，色干稳定，可进行多次的修改，颜色多次叠加也不会伤纸，效果柔和，同时可在多种绘画基材上使用，如玻璃、木板、塑料、硫酸纸等基材，适合绘制精细程度较高、画面丰富的效果图表现。初学者可选择价格相对便宜的水性马克笔进行训练，一般有超过 24 种以上以灰色调为主的马克笔，配上各色系几只色彩艳丽的即可。马克笔不限纸张，可在任何光滑表面书写，速干、环保，可用于绘图、POP 广告等，墨水具挥发性。平时要注意使用完任何一种马克笔后都要盖紧笔帽，防止挥发。下面介绍常用于景观表现的马克笔色系。但需要说明的是，由于每个人颜色感觉和用色风格不同，也可根据自身特点或需要有选择性地购买。

灰系：

WG：0.5、1、3、5、7、9。

CG：0.5、1、3、5、7、9。

BG：1、3、5、7、9。

GG：1、3、5、7、9。

色彩：

4、7、23、25、29、31、33、34、37、41、42、43、46、47、48、51、52、53、54、56、57、58、61、64、69、71、75、89、92、93、95、96、97、98、100、104、120。

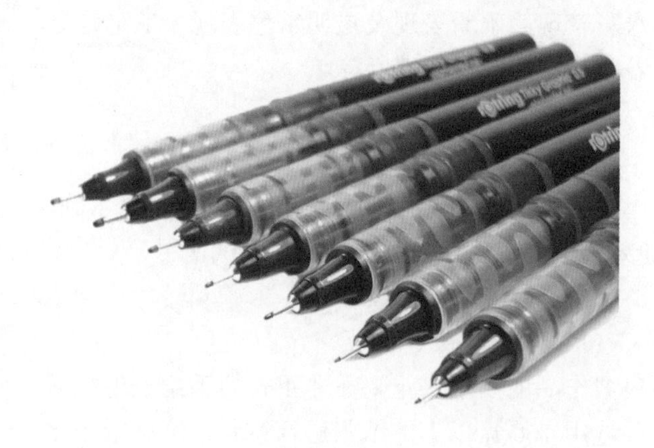

图 2-4	图 2-5
图 2-6	
图 2-7	图 2-8

图 2-4　速写铅笔
图 2-5　彩色铅笔
图 2-6　针管笔
图 2-7　水性马克笔
图 2-8　油性马克笔

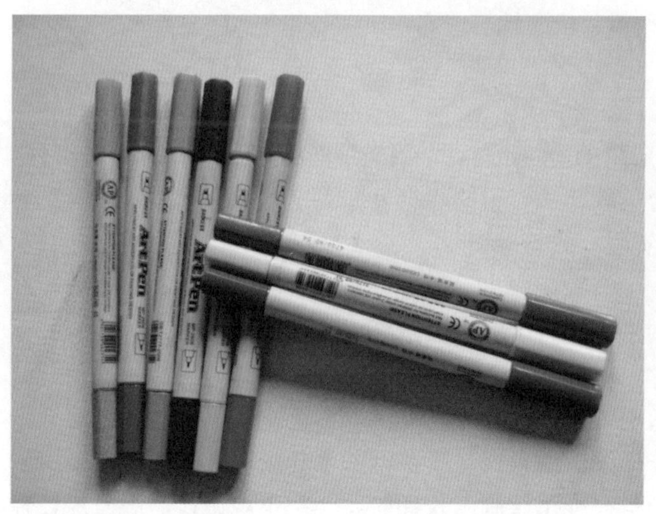

（四）喷笔

喷笔是一种精密仪器，能表现出十分细致的线条和柔软渐变的效果。作品常见于广告招贴、商业插图、封面设计、室内效果图、建筑绘画、园林景观效果图表现等（见图 2-9）。喷笔技法在高等艺术院校的艺术设计类专业中是一门必修课程。与上色笔相比，可以更好地控制涂料的厚薄以表现色彩轻重、明暗等细微差别，易于大面积喷色而不产生色差；主要是针对大面积喷笔用笔，对不同色彩的过度控制和雾化处理，如灯光处理、镜面处理、玻璃处理等，明暗层次细腻自然，色彩柔和，在某些材质表现上可达到以假乱真的地步。由于喷笔费时费力，喷笔已逐渐少用，但它在水彩效果图渲染及水粉效果图绘制中起着重要的作用（见图 2-9 和图 2-10）。

（五）荧光笔

荧光笔（见图 2-11）是近几年新出的做记号用的笔。用它做上记号后，不遮挡住文字，内容仍可一目了然。荧光笔分为水性和油性的两种。水性笔不容易干，而且覆盖性不好，两种颜色叠在一起容易“脏”。油性笔是用酒精制作的，易写易干，覆盖性好，价钱也较便宜。由于荧光笔的色彩有荧光的效果，显得格外鲜艳，在园林景观绿化、花卉草丛等小面积点缀处理上与马克笔交叉使用，色彩更明快、鲜亮。

（六）毛笔

在园林景观效果图手绘表现中，如果有黑白表现、水彩表现、水粉表现及透明水色表现，毛笔是必不可少的工具。常用的有大白云（见图 2-12）、小白云、花枝俏、小叶筋和板刷等。

（七）其他笔类

其他笔类如色粉笔、油画棒、水彩笔等（见图 2-13 和图 2-14）。这些笔类在手绘表现中有时也会用到，在着色表现技法一章进行详细的论述，专业园林景观手绘效果图的爱好者可以根据画面尝试使用。

二、纸类

手绘表现所使用的纸张可选类型比较多。第一，可根据作品的要求来定：在非正式的手绘表现练习中常用普通的打印纸；如果需要深入表现画面效果，就要选用 160 克以上的纸张进行绘制，这种纸张比较厚并且吸水性比较强，如水彩纸、水粉纸、马克笔专用纸等。第二，可根据表现使用工具特点而定：钢笔表现类图可选用素描纸、绘图纸、铜版纸和牛皮纸等；色彩表现类图可选用水彩纸、水粉纸、卡纸和宣纸等；快速表现类图可选用马克笔专用纸、打印纸、硫酸纸等。

（一）复印纸

复印纸（见图 2-15）是打印文件以及复印文件所用的一种纸张，常用于绘图的有 A3 和 A4 两种型号。复印纸的纸质光滑，有一定的明亮光泽，质地轻薄柔软，适合铅笔、钢笔、签字笔、针管笔、彩色铅笔等大多数的画笔使用，使用方便、价格低廉，经济实用。

（二）绘图纸

绘图纸（见图 2-16）是供绘制工程图、机械图、地形图、效果图、草图等用的纸。质地紧密而强韧，无光泽。具有优良的耐擦性、耐磨性、耐折性。适于铅笔、毛笔、马克笔、彩色铅笔等。绘图纸的纸张质地较厚，有不同的克数，在手绘表现中，可以选择绘图纸来代替素描纸和水粉纸用。绘图纸主要用于黑白表现和彩铅、马克笔等形式的色彩表现，特别是在徒手绘制工程图时，一旦出现错误，用刀片轻轻刮掉多余的线或是借助胶带纸去掉错线，不影响画面整体效果。

（三）拷贝纸

拷贝纸（见图 2-17）也称雪梨纸、防潮纸、草图纸，它具有较高的物理强度，优良的均匀度和透明度，以及良好的表面性质，细腻、平整，有良好的适印性。拷贝纸的质地比较薄，可反复折叠，方便绘制和拷贝图纸，是设计师绘制和修改方案常用的纸张类型，特别是方案初期画草图、草稿时使用这种纸张比较合适，便于重复修改和反复调整，有参考、比较、保存方案的作用。

（四）硫酸纸

硫酸纸（见图 2-18）又称制版硫酸转印纸，是传统的专业绘图纸，广泛适用于手工描绘、喷墨式 CAD 绘图、激光打印、美术印刷等，可用于设计绘图方案的绘制和调整。硫酸纸表面呈现一层光滑的膜

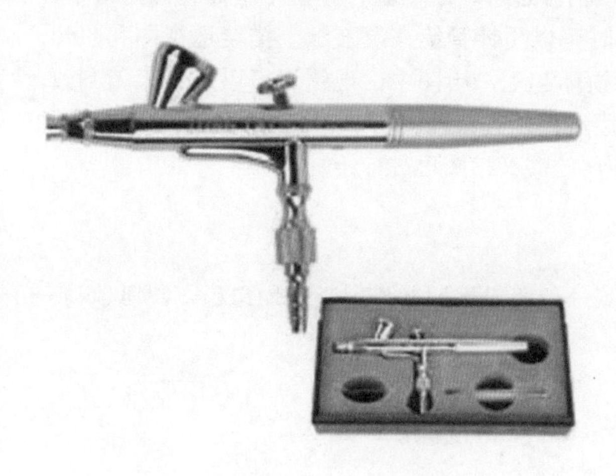

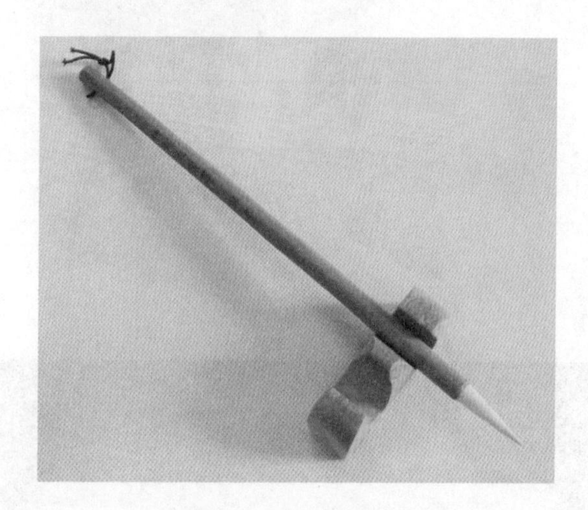

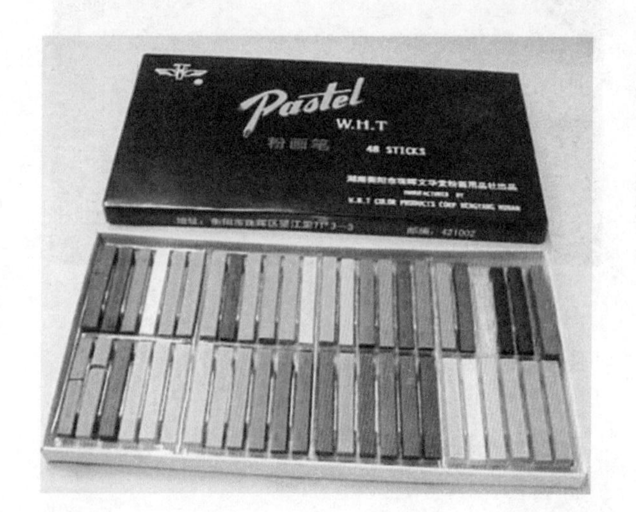

图 2-9	图 2-10
图 2-11	图 2-12
图 2-13	
	图 2-14

图 2-9　喷笔
图 2-10　喷笔效果
图 2-11　荧光笔
图 2-12　大白云
图 2-13　色粉笔
图 2-14　油画棒

质物质形态，具有质地坚实、密致，纸质纯净、强度高，稍微透明、耐高温、厚重平整等特点，对于油脂和水有一定的渗透性，吸墨性差，吸水易变形。绘图时可以用针管笔在硫酸纸上描绘透视图和照片，然后用马克笔和彩色铅笔上色。硫酸纸纸面光滑，不易损坏起毛，绘图中出现错误可以用美工刀刮改，但是对于色彩的还原能力不够，需要在手绘学习过程中逐步熟悉其特性。初学者在绘制稍微复杂一些的图纸和照片时，硫酸纸是比较理想的拓图纸张，可以先使用硫酸纸拓图再进行绘制。

（五）水彩纸

水彩纸（见图 2-19）是水彩绘画的专用纸张。水彩纸一般吸水性比较好，吸色均匀稳定，质地与一

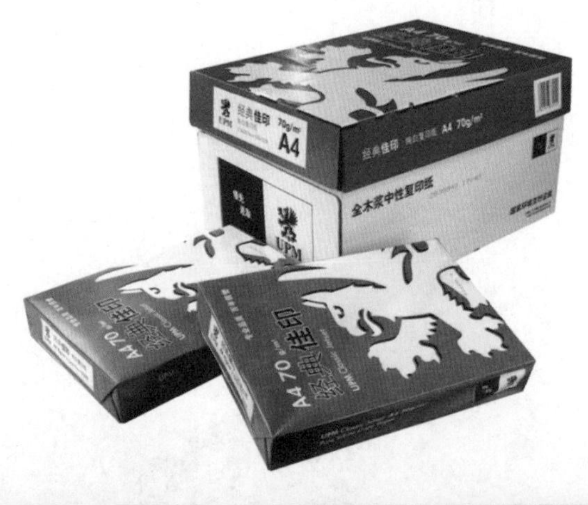

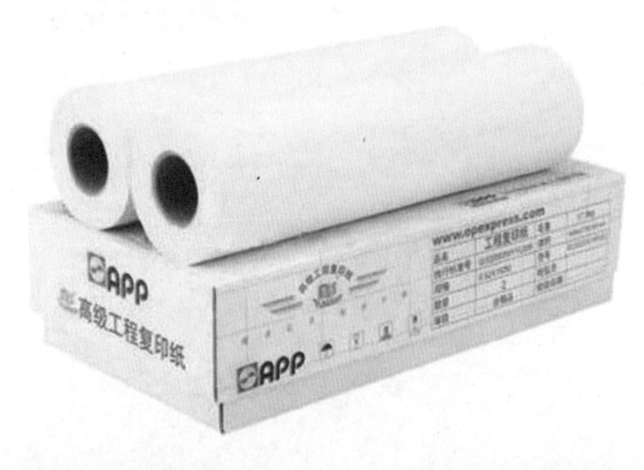

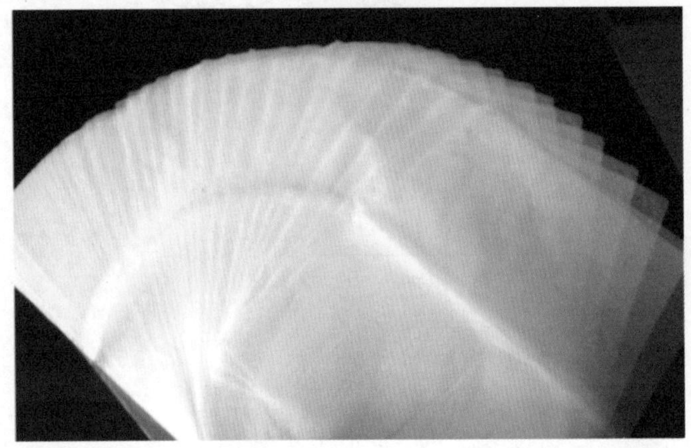

图 2-15	图 2-16
图 2-17	图 2-18
图 2-19	

图 2-15　复印纸
图 2-16　绘图纸
图 2-17　拷贝纸
图 2-18　硫酸纸
图 2-19　水彩纸

般纸张相比，磅数较厚。如要画细致的主题，一般会选用麻质的厚纸。如果要表达淋漓流动的主题，一般会选用棉质纸，因为棉质纸吸水快，干得也快，缺点是时间久了会褪色。水彩纸的纸张表面有粗糙的颗粒，对颜色的附着感也较强，不易因重复涂抹而破裂或起球，主要用于进行水彩创作，也可进行透明水色渲染；使用马克笔也可以表现出很好的效果。现在的方案中使用水彩绘制的效果图逐渐减少，基本都是马克笔代替水彩笔，但是水彩的效果是马克笔不能完全取代的，设计师在创作时若要表现较强的艺术效果，可以考虑用水彩纸，其设计感和艺术性都很好。

（六）牛皮纸

牛皮纸常用作包装材料，有单面、双面、条纹、无纹等类型。颜色通常呈黄褐色，半漂与全漂的牛皮纸呈淡褐色、奶油色或全白色。牛皮纸特点是表面平滑，柔韧结实、耐破损度高，抗撕拉、抗破裂和抵御动态的强度很高。在绘图时因其固有色，呈色性会受到很大的影响，在着色过程中应尽量使用较醒目的有彩色，柔和清淡的颜色很难在牛皮纸上表现，如图 2-20 所示。

图 2-20　牛皮纸表现

（七）色纸

色纸是在白纸的基础上染上各种鲜艳的色彩形成的。色纸颜色比较多，以纯色为主，可通过不同的基底背景色绘制出不同的效果：在黑色或是冷色纸张上可以画出夜晚的效果，在暖色的色纸上可以画出早晨或黄昏的效果等，使用色纸有利于表现特殊的气氛。但在实际的项目方案中一般很少用这种纸张，有色纸表现如图 2-21 所示。

三、颜料

在景观手绘表现中常用的颜料主要有水粉、水彩、透明水色等，这些颜料最少的颜色是 12 色。初学时颜色尽量选多一点，在表现时可省去调色的过程，用起来较方便。

图 2-21

图 2-22

图 2-23

图 2-21　有色纸表现（高红然）

图 2-22　台阶式界尺

图 2-23　凹槽式界尺

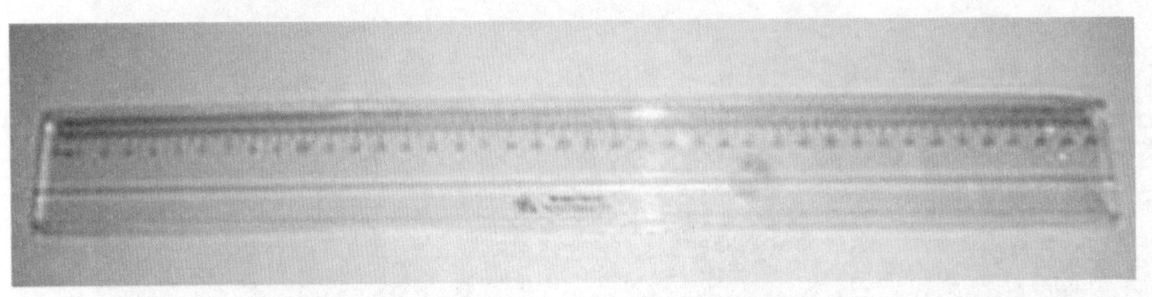

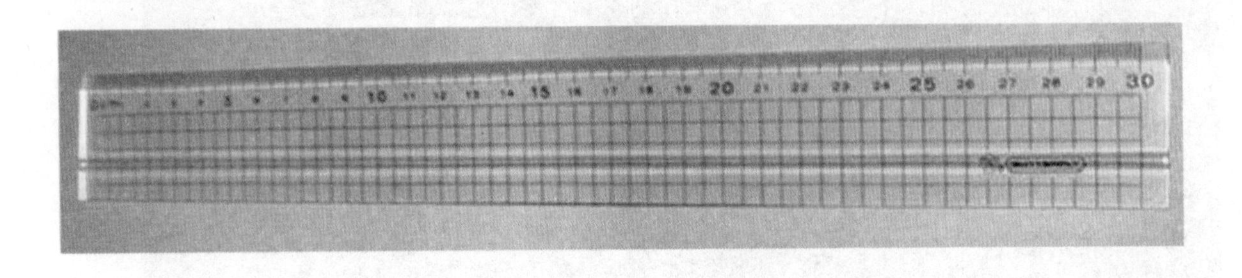

四、界尺

界尺又称为槽尺。在绘制效果图的工具中，界尺是必备工具之一。这种尺市场上虽有销售，但亦可自制。

（一）界尺的制作

（1）台阶式界尺：将两根相同长度的有机玻璃尺上下对齐，上下两层有机玻璃尺的尺缘错出 1 cm 的边，从尺子的侧面看是台阶形状的，用三氯甲烷或万能胶粘在一起即可成为界尺。如图 2-22 所示。

（2）凹槽式界尺：在有机玻璃尺或同等大小的木条离边缘部分 5 mm 左右，向内开出宽 3 ～ 5 mm 的凹槽即可。如图 2-23 所示。

（二）界尺的使用方法

界尺主要用于软头类笔的绘制，可以使白云、叶筋等柔软的笔尖画出笔直流畅的线条。使用时右手同时握住两支笔，与拿筷子的姿势完全相同，上面一支笔蘸上颜料，笔头向下，另一只笔的底端坚硬的部分靠在齿槽上抵住，沿尺子的边缘左右运动。这时要注意掌握握笔的力度和手腕的倾斜角度必须始终保持一致。

五、其他绘图辅助工具

主要有直尺（60 cm）、丁字尺（60 ～ 100 cm）、三角尺、比例尺、曲线板、圆规、模板、橡皮、卷笔刀、胶带纸、水溶胶带、白乳胶、吹风机、调色盘、调色板、画板、擦笔布等都是绘图必不可少的辅助工具。无论是水彩表现还是黑白表现都离不开以上提到的这些辅助工具，要根据绘制不同的效果图和画种选用，达到所要的手绘效果。

第二节　坐姿与握笔方法

手绘表现对握笔、用笔的姿态有一定的要求，当然，这不能说是严格的规范，但正确的姿态是画好一张手绘表现图的前提。握笔时应注意握笔点与笔尖的距离，一般在 3 cm 左右；用拇指与食指指尖轻松夹住笔杆，由中指关节轻微支撑；将小拇指微微伸出，作为一种弹性的支撑，这样也有助于调节用笔力度以及保持画面的清洁；笔身与纸面的角度根据情况随时调节，大致在 45° ～ 60° 之间，不要将笔身压得过低或挑得过高；要注意用笔力度，应尽量放松而不要过分用力。

标准握笔、用笔姿态是非常简单的，但是要养成这种良好的握笔、用笔习惯却不是一件容易的事。特别是在初期学习的时候，很多人会感到这样非常不自在，甚至觉得很别扭，于是便在不经意中养成了各种错误的握笔、用笔习惯，从而影响了表现效果。

除握笔、用笔之外，良好的坐姿也不容忽视。正确的坐姿是：身体略向前倾，腰要挺直，使眼睛与画面之间保持一定的距离，这样有利于整体观察。

头部不宜离纸面过近，另外，斜着或扭着身子绘图等都属于不良的姿态，会直接影响画面效果。

在普通的写字台上绘图时，视线与纸面的倾斜角度比较大，容易形成视觉透视压缩，造成一定的错觉偏差，导致表现变形。这种差异在画的时候往往是感觉不到的，因此，如果条件允许，建议购置专用的设计台，它的倾斜台面能够有效地解决这种视觉偏差，同时使绘图者保持良好的坐姿。

【作业要求】

收集参考资料，整理绘图工具及材料，进行各类工具的性能测试与线条表现练习。

【作业规范】

A4 复印纸 3 张。

第三章 透视与构图表现

【训练目的】

通过对常用透视方法的训练，了解透视在效果图中的基本应用法则，熟练掌握各种透视图的绘图方法。

【建议课时】

8 学时。

第一节 透视的概念及在设计表现中的意义

透视，就是把设计对象的三维空间形体转换成具有立体感觉的二维空间画面的绘图技法，是设计师表达设计思想的重要手段，是设计表现中不可缺少的重要组成部分。

一、透视学的发展

自古以来，如何在二维平面中逼真、形象地表现立体造型，一直是历代艺术家、工程师、科学家不断研究、探索的问题，但以前因为没有形成系统的理论，一直处在非常感性的阶段。直到文艺复兴时期，一些画家利用自然科学知识来研究透视变化的规律，才产生了真正意义上的透视学。

1485 年，意大利画家比埃罗·德拉·弗郎西斯卡（Piero Della Francesca，1420—1492）写出《绘画透视学》一书，基本掌握了透视的表达规律，把透视学发展到了比较完善的地步。从弗郎西斯卡的透视图中，可以看到形体的透视表达已经具备了非常科学的方式。如图 3-1 所示。

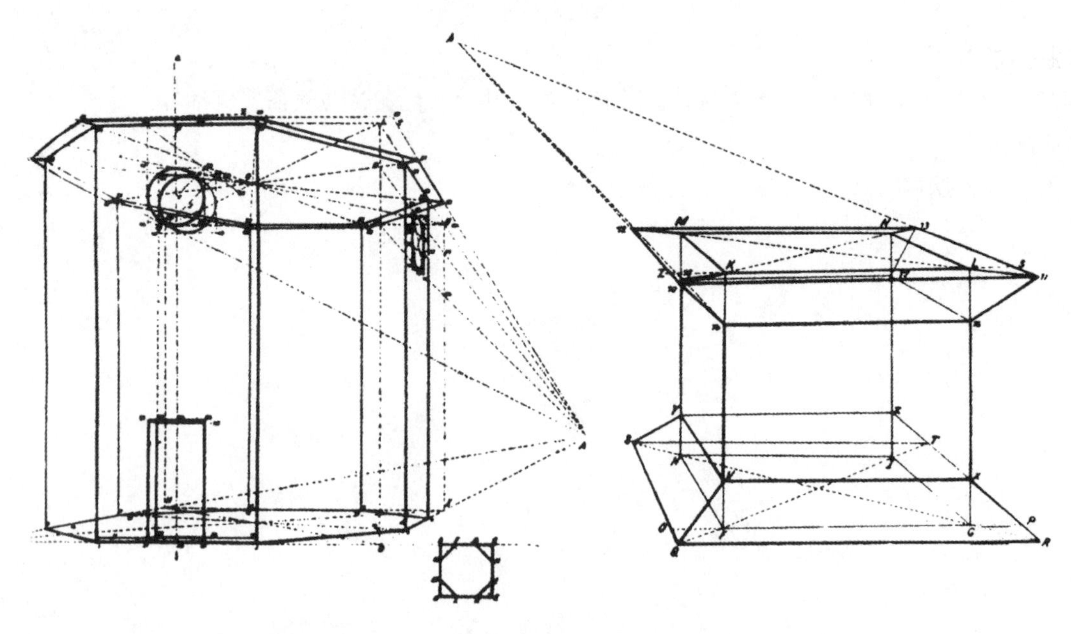

图 3-1　弗郎西斯卡的透视图

文艺复兴天才巨匠列奥纳多·达·芬奇（Leonardo Da Vinci，1452—1519），提出了透视学的三个组成部分：线透视（形体）、空气透视（色彩）、隐没透视（阴影），主要内容如下。

（1）线透视：视锥理论，说明了透视近大远小的特点。几件大小相同的物体，若第二物与眼睛的距离是第一物与眼距离的一倍，则大小只有第一物的一半；再者，第三物距离第二物与第二物距离第一物的距离相等，则大小只及第一物的1/3，依次按比例缩小。

（2）空气透视：透视中的物体离观察者越近色彩的纯度越高，越远越接近空气的颜色，越高越接近天空的颜色。空气越接近平坦的地面越稠密，越升高越稀薄透明，远方高耸物体的底部轮廓不及顶部轮廓清楚。

（3）隐没透视：当物体因远去而逐渐缩小的时候，它的外形的清晰程度也逐次消失。体积比之颜色或形状更能在更远的距离被分辨出来。其次，色彩比形状可在较远处分辨。对于观察者来说，越远的物体越模糊，随着距离的增大，最先消失的是细小的部分，再远些，消失的是其次细小的部分……直到最后一切部分以致整体都消失不见。

达•芬奇没有关于透视的系统的著作，所有的透视理论零散地出现在他的手稿中。他比较认真地研究了前人的著作，更重要的是他对自然的认真观察。达•芬奇的透视论述拓展了透视学的研究范围，对欧洲绘画和设计产生了深远的影响。其代表作见图3-2。

图3-2　列奥纳多•达•芬奇作品《最后的晚餐》

意大利建筑师维尼奥拉（Jacopo Barozzi Vignola，1507—1573）的著作《透视学两法则》，简化了透视的画法。如图3-3所示。

1715年，英国数学家泰勒（Brook Taylor，1685—1731）出版了《论线透视》一书，确立了我们今天知道的透视绘图及其依据的全部原理。

透视表现，能够展现出符合人眼识别习惯的物理空间，使设计对象真实、形象地表现在读者面前，无论是专业人员还是普通读者，都能够形象、准确、快速地理解作者的意图，这是其他表现方式所难以达到的。

当然，透视图由于是在一个固定的视点、视角所表现出来的图形，难以表达全面完整的形象信息，有时由于视角所限还会产生视错觉，加之度量性差，难以表现准确的尺度信息，所以在有的设计表现中，透视图需要多个角度、多张图表现，或辅助以其他表现形式（如沙盘、动画等），但这不足以掩盖透视图的巨大优势。

随着计算机辅助设计的迅猛发展，特别是AutoCAD、3D MAX等三维绘图软件的出现，使透视图的绘制更加科学、准确和快捷，把透视绘图推到了一个非常广阔的平台。

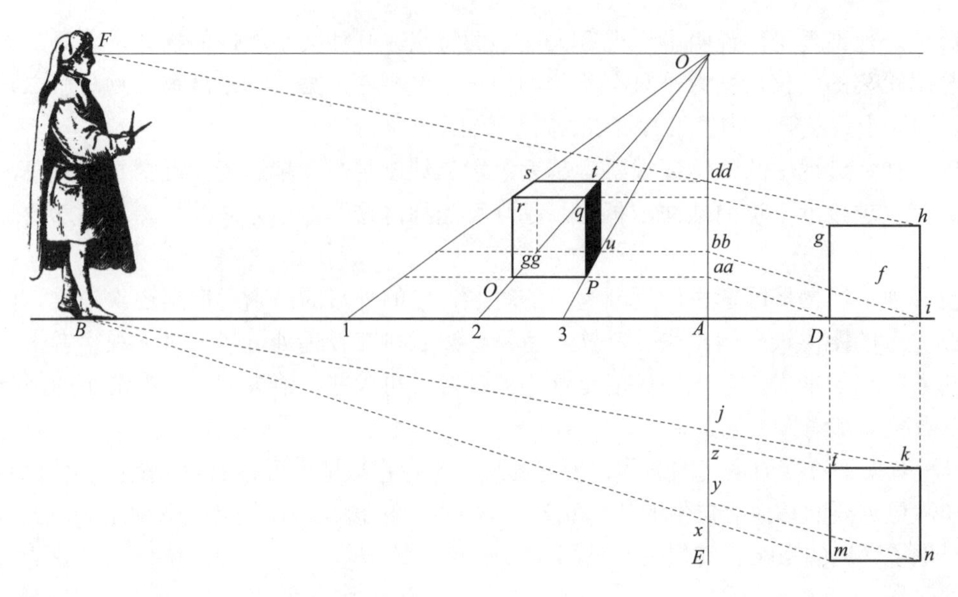

图 3-3　维尼奥拉的透视图

有关透视图的形成原理，即在观察对象与观察者位置之间，假设有一透明平面，观察者眼睛对物体各点射出视线，与假想平面相交，交点在假想平面所形成的图像，即是透视图。如图 3-4 所示。

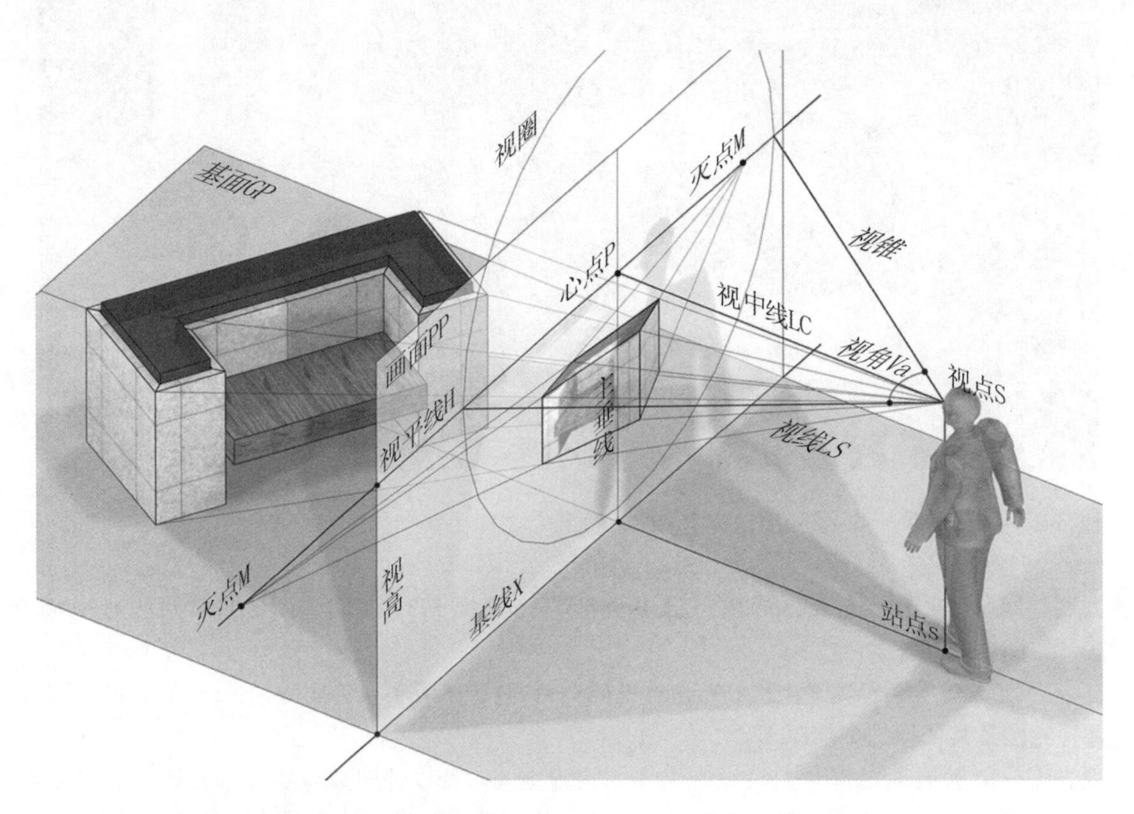

图 3-4　透视形成原理及术语

二、透视图的主要术语

如图 3-5 所示。

（1）视点（S）：观察者眼睛所处的位置。

（2）站点（s）：视点（S）与基面（GP）的交点。

（3）视线（LS）：由视点（S）放射到物体的线段。

（4）视锥：由视点（*S*）放射到物体的线段所形成的圆锥体，视锥与画面相交所形成的圆叫视圈，视锥对称边线形成的夹角为视角（*Va*）。

（5）画面（*PP*）：观察者观察事物时假想的平面。

（6）视中线（*LC*）：也叫主视线，是视点（*S*）与视圈中点的连接线，也是视点（*S*）到画面（*PP*）的垂线，视中线的长度也叫视距。

（7）视平线（*H*）：与观察者眼睛等高的平行的水平线，即通过心点（*P*）与视中线（*LC*）垂直的水平线。

（8）基面（*GP*）：实际景物所处的底平面。

（9）基线（*X*）：画面（*PP*）与基面（*GP*）的交界线。

（10）灭点（*M*）：又称消失点，与画面不平行的线段逐渐向远方消失的点。

（11）心点（*P*）：又称主点，是视中线（*LC*）与画面（*PP*）垂直的交点，通过心点与视平线垂直的直线叫主垂线。

（12）视高（*h*）：平视时视点（*S*）到物体底基面（*GP*）之间的距离。

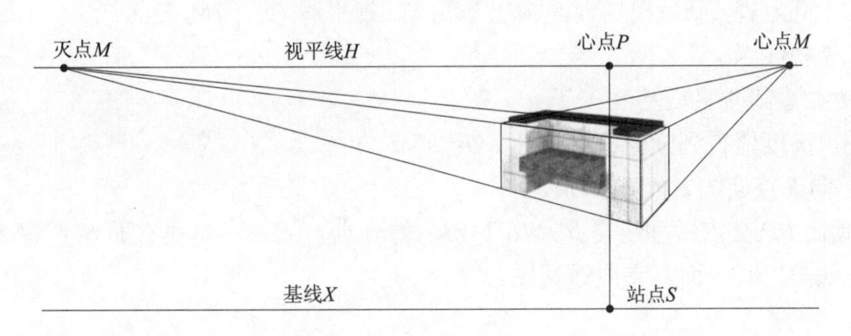

图 3-5　透视图

通过分析，可以发现透视图有以下几个特点：① 与画面（*PP*）平行的线在透视图上仍然是平行的；② 与画面（*PP*）不平行但相互之间平行的线组延长线会交汇于一点，即灭点（*M*）；③ 当平视时，与画面（*PP*）不平行但与基面（*GP*）平行且相互之间也平行的线组延长线会交汇于一个灭点（*M*），且灭点的位置在视平线（*H*）上；④ 同样大的物体在透视图中根据与视点（*S*）的距离有近大远小的特点；⑤ 视点、视距、视高、视角是决定透视图最后形状的主要因素。

第二节　透视的基本做法及其在设计表现中的应用

透视图，根据物体、画面、视点三者关系的不同可以分为以下三种不同的类型。假设以正方体为表现物体，如图 3-6 所示。

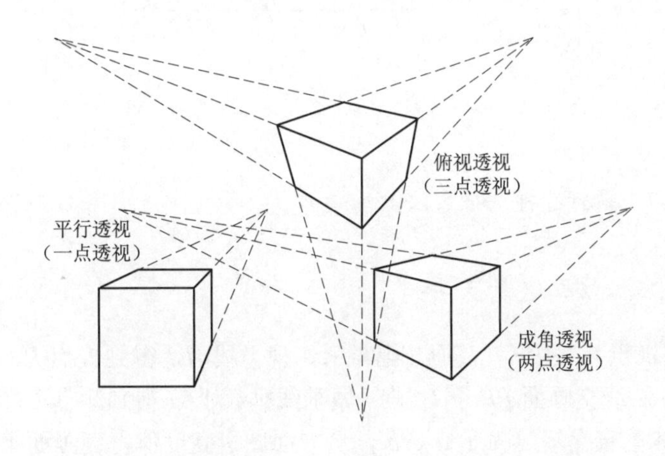

图 3-6　透视种类

（1）平行透视：也叫一点透视，正方体的一个面与画面平行的透视，与平行面垂直，也就是垂直于画面的线交汇于一点，即心点。

（2）成角透视：也叫两点透视，正方体没有面与画面平行，但正方体的一组棱线与基面垂直且与画面平行的透视，经过棱线的水平线分别交汇于两个灭点。

（3）俯视透视：视点在一定高度向下投射，主视线与基面形成夹角，画面与基面也不再垂直地透视，正方体有一个棱线与画面平行时形成两个灭点，其他状态下是三个灭点。

需要说明的是，在复杂的场景透视中，有时无法完全区分平行透视与成角透视，只能根据主体物体或场景全貌的透视角度来大概区分。

一、常用透视的基本做法。

（一）平行透视的基本做法一（投影法）

（1）在平面图上确定视点 S，根据视高画出基线 X、视平线 H，得到灭点 P。

（2）自视点 S 做视线 Sc。

（3）自点 a、b 做垂线垂直交基线 X 于 a'、b'。

（4）自立面图引高度值得到画面平行立面 $a'b'b''a''$。

（5）自 b'、b'' 向灭点连线 $b'M$、$b''M$。

（6）自 Sc 与画面 PP 交点做垂线交 $b''M$、$b'M$，得到点 c''、c'，完成立面 $b'c'c''b''$。

（7）用相同方法求出其他面，完成透视图。

如图 3-7 所示。

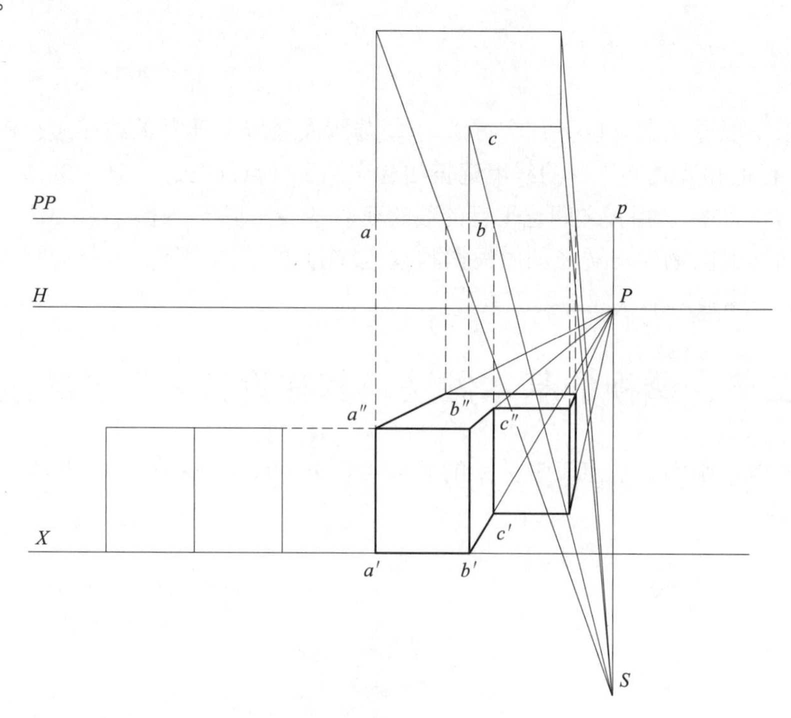

图 3-7　平行透视（投影法）

（二）平行透视的基本做法二（量点法）

（1）在平面图上确定视点 S，根据视高画出基线 X、视平线 H，得到灭点 P。

（2）自视点 S 做 45° 斜线交画面 PP 于 l，自 l 做垂线垂直于 H 得到测点 L。

（3）自点 a、b 做垂线垂直交基线 X 于 a'、b'，自立面图引高度值得到画面平行立面 $a'b'b''a''$。

（4）自 b'、b'' 向灭点连线 $b'M$、$b''M$。

（5）自测点反向一侧做 c_1，使 $b'c_1=bc$。

（6）自 c_1 向量点 L 做连接线交 $b'M$ 于 c'。

（7）自 c' 向上做垂线交 $b''M$，得到点 c''，完成立面 $b'c'c''b''$。

（8）用相同方法求出其他面，完成透视图。

如图 3-8 所示。

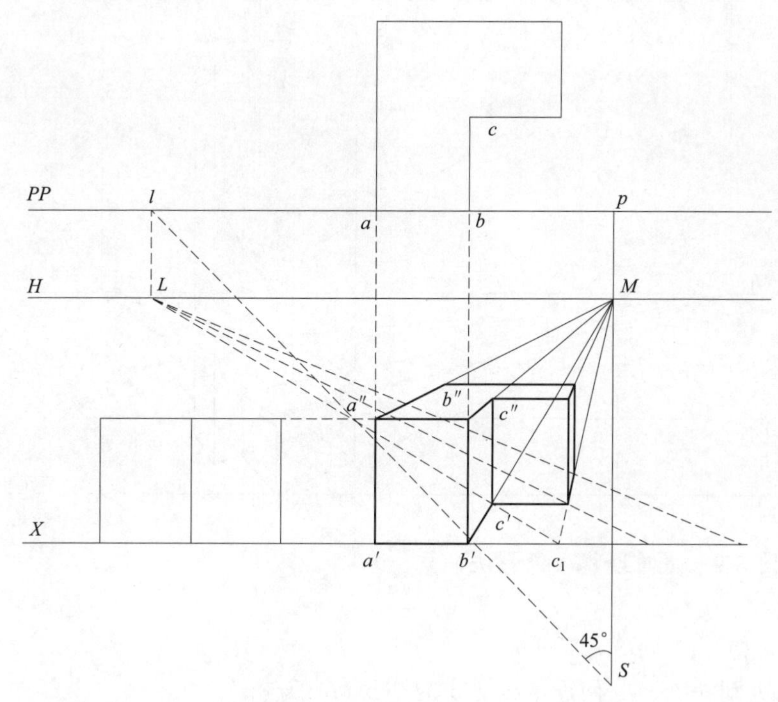

图 3-8　平行透视（量点法）

（三）成角透视的基本做法一（投影法）

（1）在平面图上确定视点 S，根据视高画出基线 X、视平线 H。

（2）自视点 S 做 ba、bc 的平行线交画面 PP 于 m_1、m_2。

（3）自点 m_1、m_2 做垂线垂直交视平线 H，得到灭点 M_1、M_2。

（4）自点 b 做垂线垂直交基线 X 于 b'，自立面图引高度值得到真高线 $b'b''$。

（5）自 b'、b'' 向灭点连线 $b'M_1$、$b''M_1$、$b'M_2$、$b''M_2$。

（6）自视点 S 做视线 Sa、Sc。

（7）自 Sa、Sc 与画面 PP 交点做垂线分别交 $b'M_1$、$b''M_1$、$b'M_2$、$b''M_2$ 于 a'、a''、c'、c''，得到两个立面 $b'b''a''a'$、$b'b''c''c'$。

（8）用相同方法求出其他面，完成透视图。

如图 3-9 所示。

（四）成角透视的基本做法二（量点法）

（1）在平面图上确定视点 S，根据视高画出基线 X、视平线 H。

（2）自视点 S 做 ba、bc 的平行线交画面 PP 于 m_1、m_2，自点 m_1、m_2 做垂线垂直交视平线 H，得到灭点 M_1、M_2。

（3）以点 m_1、m_2 为圆心，m_1S、m_2S 为半径做弧，交画面 PP 于 l_1、l_2。

（4）自点 l_1、l_2 做垂线垂直交视平线 H，得到测点 L_1、L_2。

（5）自点 b 做垂线垂直交基线 X 于 b'，自立面图引高度值得到真高线 $b'b''$，自 b'、b'' 向灭点连线 $b'M_1$、$b''M_1$、$b'M_2$、$b''M_2$。

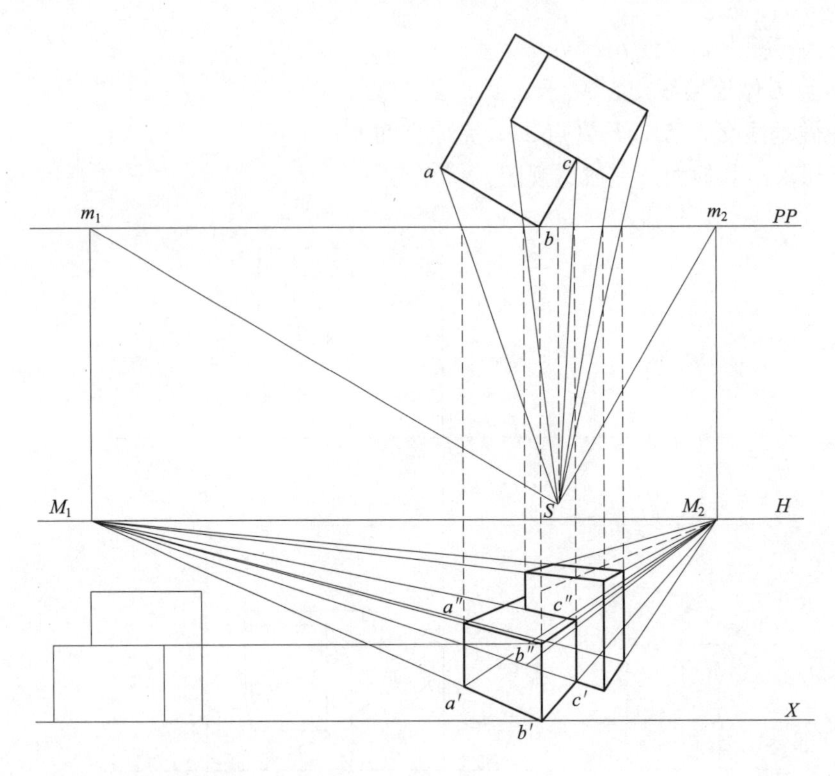

图 3-9　成角透视（投影法）

（6）做点 a_0、c_0，使 $a_0b'=ab$，$c_0b'=cb$。

（7）自点 a_0、c_0 分别向 L_2、L_1 做连接线交 $b'M_1$、$b'M_2$ 于点 a'、c'。

（8）自 a'、c' 向上做垂线交 $b''M_1$、$b''M_2$，得到点 a''、c''，得到两个立面 $b'b''a''a'$、$b'b''c''c'$。

（9）用相同方法求出其他面，完成透视图。

如图 3-10 所示。

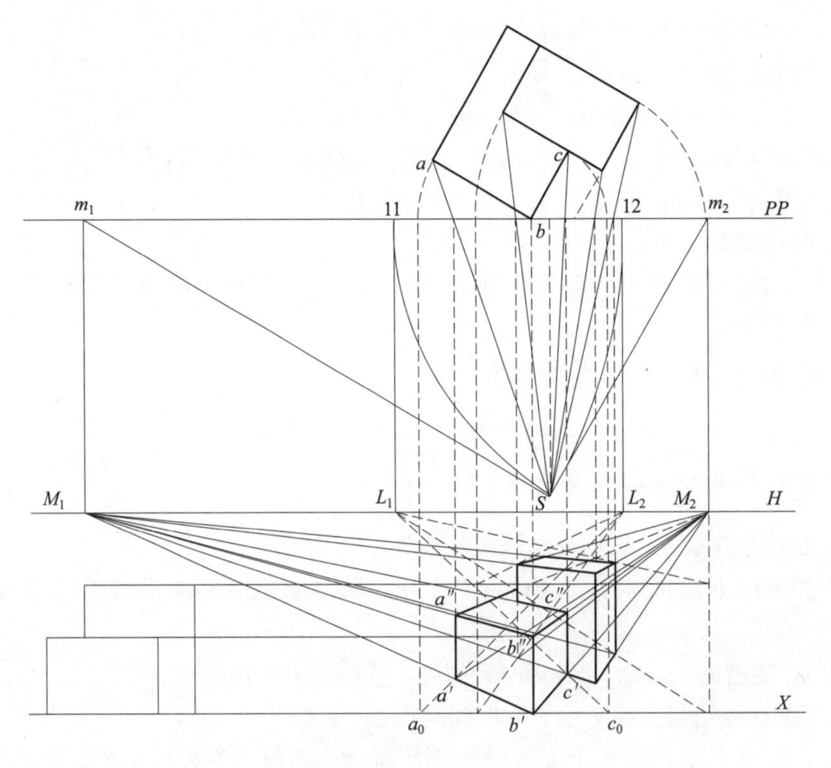

图 3-10　成角透视（量点法）

（五）成角透视的基本做法三（灭点法）

（1）在平面图上确定视点 S，根据视高画出基线 X、视平线 H。

（2）自视点 S 做 ba、bc 的平行线交画面 PP 于 m_1、m_2，自点 m_1、m_2 做垂线垂直交视平线 H，得到灭点 M_1、M_2。

（3）自点 b 做垂线垂直交基线 X 于 b'，自立面图引高度值得到真高线 $b'b''$，自 b'、b'' 向灭点连线 $b'M_1$、$b''M_1$、$b'M_2$、$b''M_2$。

（4）延长 ea、dc 交于画面 PP，从交点做垂线交于基线 X，得到点 a_0、c_0。

（5）自点 a_0、c_0 分别向 M_2、M_1 做连接线交 $b'M_1$、$b'M_2$ 于点 a'、c'。

（6）自点 a'、c' 向上做垂线交 $b''M_1$、$b''M_2$，得到点 a''、c''，得到两个立面 $b'b''a''a'$、$b'b''c''c'$。

（7）用相同方法求出其他面，完成透视图。

如图 3-11 所示。

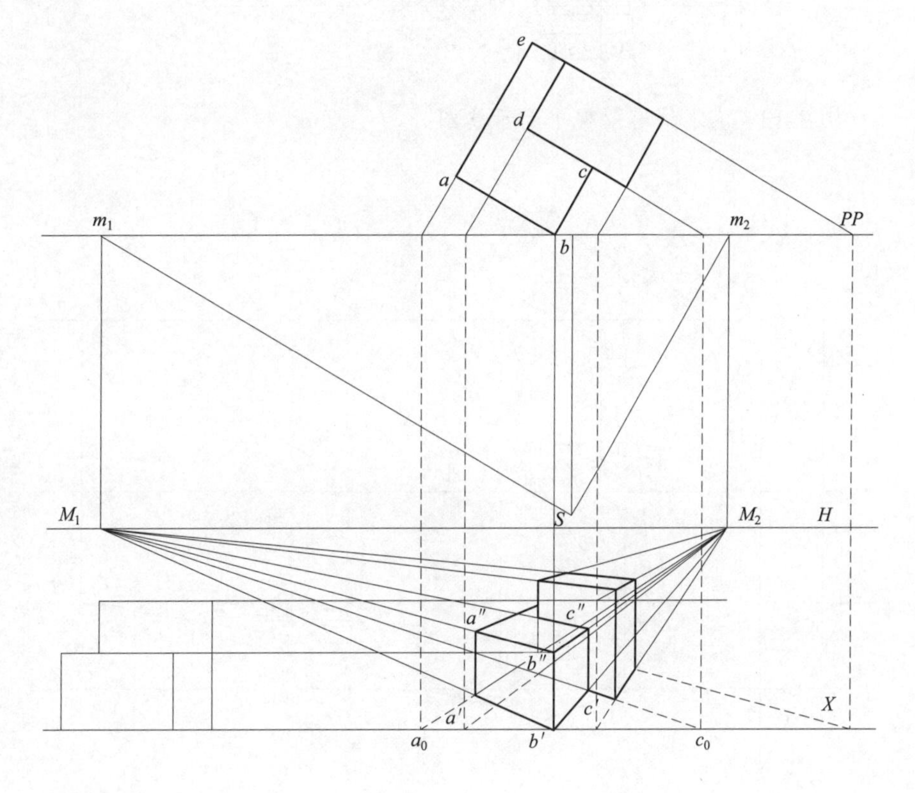

图 3-11　成角透视（灭点法）

二、案例说明

（一）滨水栈道景观透视案例

如图 3-12 所示，本案例为滨水栈道地形景观透视，主要表现水岸弧线型栈道、台阶和亲水平台的透视效果。立面除远景植物外，造型相对简单，所以本案例的难点在于弧线栈道以及放射型亲水平台平面投影位置的定位。另外，由于地形较大，按比例绘制透视图相对于平面图较小，影响作图的便捷与准确，故采用放大画法。

步骤一：如图 3-13 所示，确定视点、视距、视高及假想平面的位置。视点的位置选取一个最利于表现弧形栈道造型的和最利于画面构图的角度来设置，由于本透视图只截取水岸景观的一部分，将假想平面 PP 设置在 a 点位置，目的是便于弧线的绘制。为了利于透视图的表现，在假想平面 PP 一倍视距远处做调整画面 PP'，视平线也按照两倍视高做调整视平线 H'，这样就得到了放大一倍的透视图。利用辅助线将平面图分割为两个矩形区域：弧线区和直线区，用投影法将直线区地形线绘出。

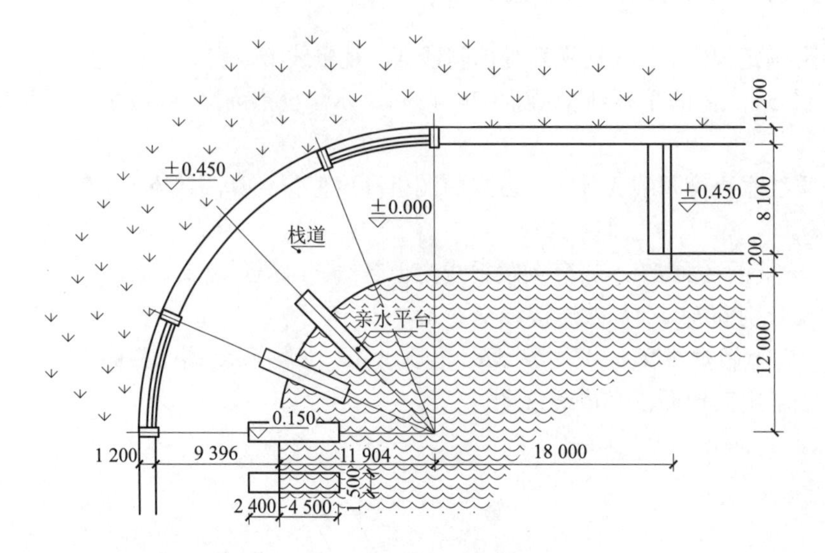

图 3-12　滨水栈道景观平面示意图

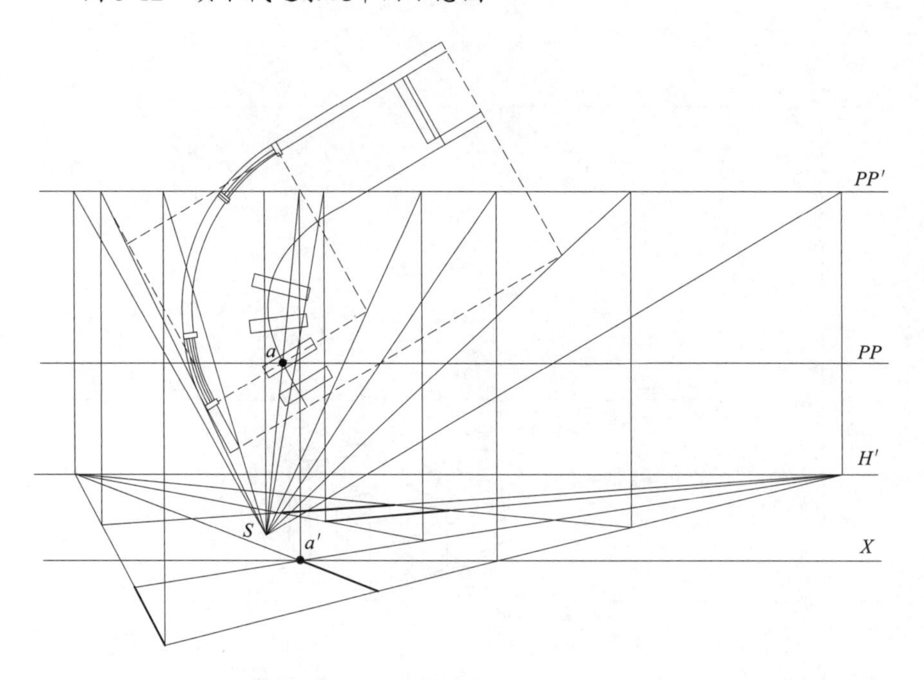

图 3-13　滨水栈道景观透视步骤一

步骤二：如图 3-14 所示，在弧线区设置辅助点，利用坐标连线、对角线、辅助连线等方法将其投射到假想画面 *PP*，用视线放大到调整画面 *PP′*，在透视图中定位，用圆滑的曲线连接，得到弧线的透视图。当然，辅助点越多，弧线透视越准确。

步骤三：如图 3-15 所示，利用灭点法确定亲水平台四个角点坐标投影，用视线将坐标投影放大到调整画面 *PP′*，在透视图中定位连接，得到亲水平台平面投影。

步骤四：如图 3-16 所示，完成台阶等细节。注意，在 *X* 线上的高度是调整高度，即真实比例高度的两倍。

（二）景观小品透视案例

如图 3-17 所示，本案例为景观小品透视。样式、大小相同的景观影壁均匀排列，形成较好的空间进深感和层次感；几块影壁间距、尺寸相等，利用对角线可以在已知第一个影壁及影壁间距的条件下求出其他影壁造型，增加了绘图的便利性；花窗图案为对称图形，可以设置对角线，更简便地求出辅助点。

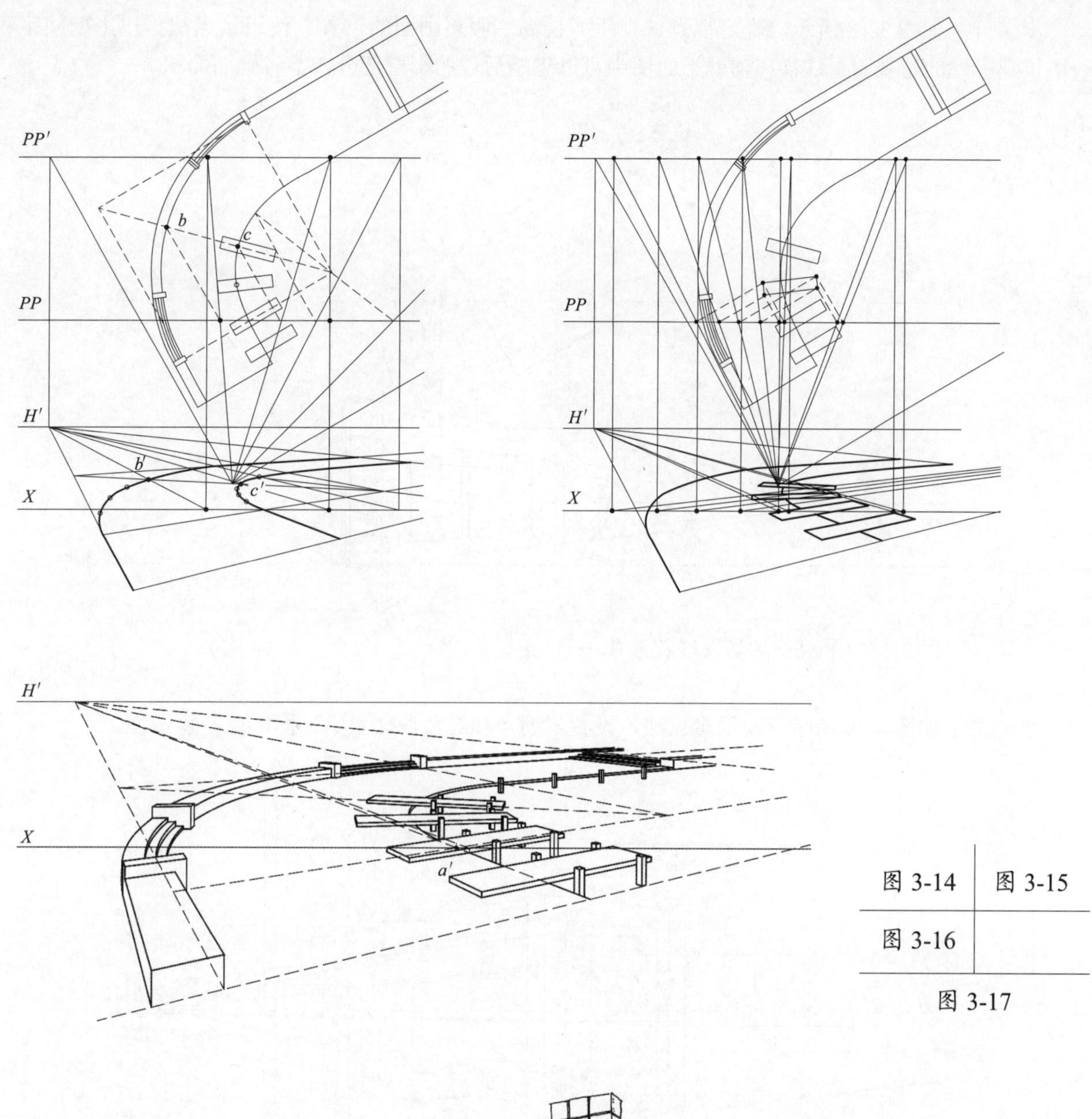

图 3-14　滨水栈道景观透视步骤二
图 3-15　滨水栈道景观透视步骤三
图 3-16　滨水栈道景观透视步骤四
图 3-17　景观小品场景示意图

步骤一：如图 3-18 所示，确定视点、视距、视高、假想画面的位置。使用量点法作出影壁间距和第一块景观影壁的透视图。这样在辅助平面图中可以省略后边的影壁部分，节省画面面积。

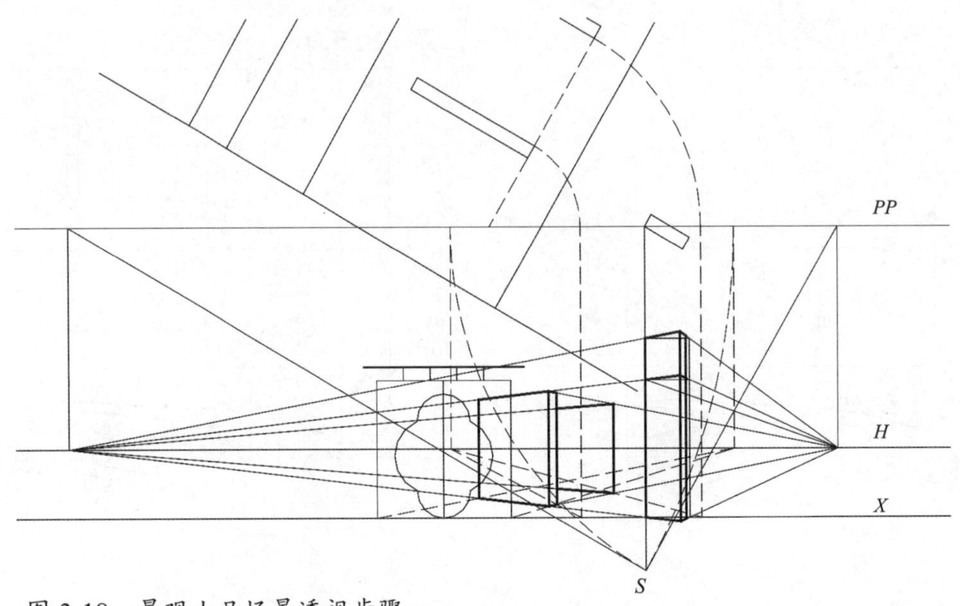

图 3-18　景观小品场景透视步骤一

步骤二：如图 3-19 所示，使用量点法，设置辅助点和对角线作出第一面影壁花窗透视。

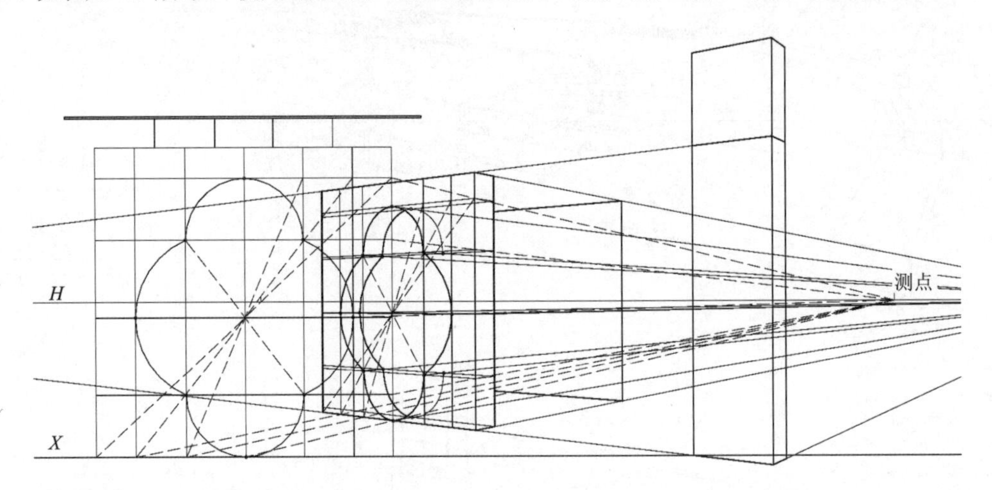

图 3-19　景观小品场景透视步骤二

步骤三：如图 3-20 所示，设置对角线，求出后面影壁及花窗透视。

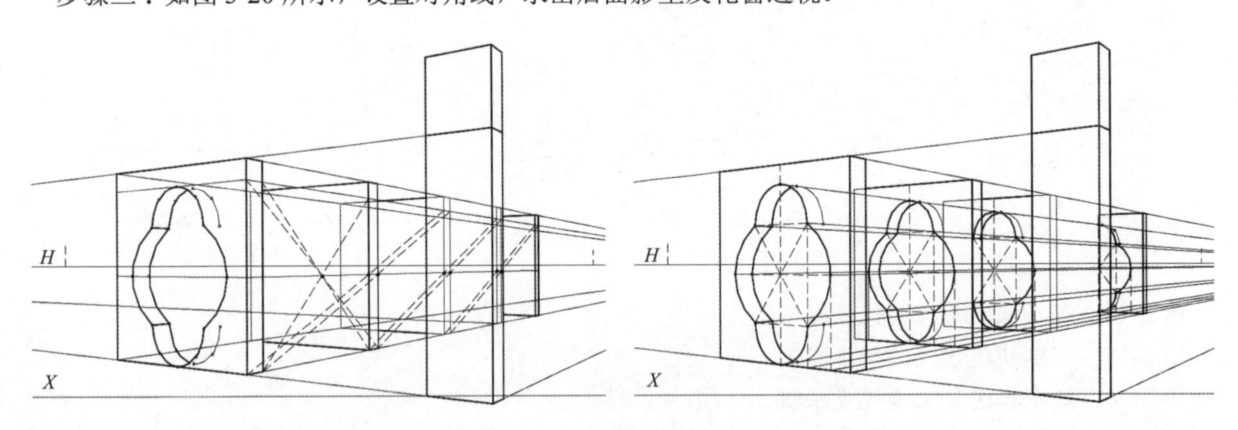

图 3-20　景观小品场景透视步骤三

步骤四：如图 3-21 所示，完成其他部分的造型透视。

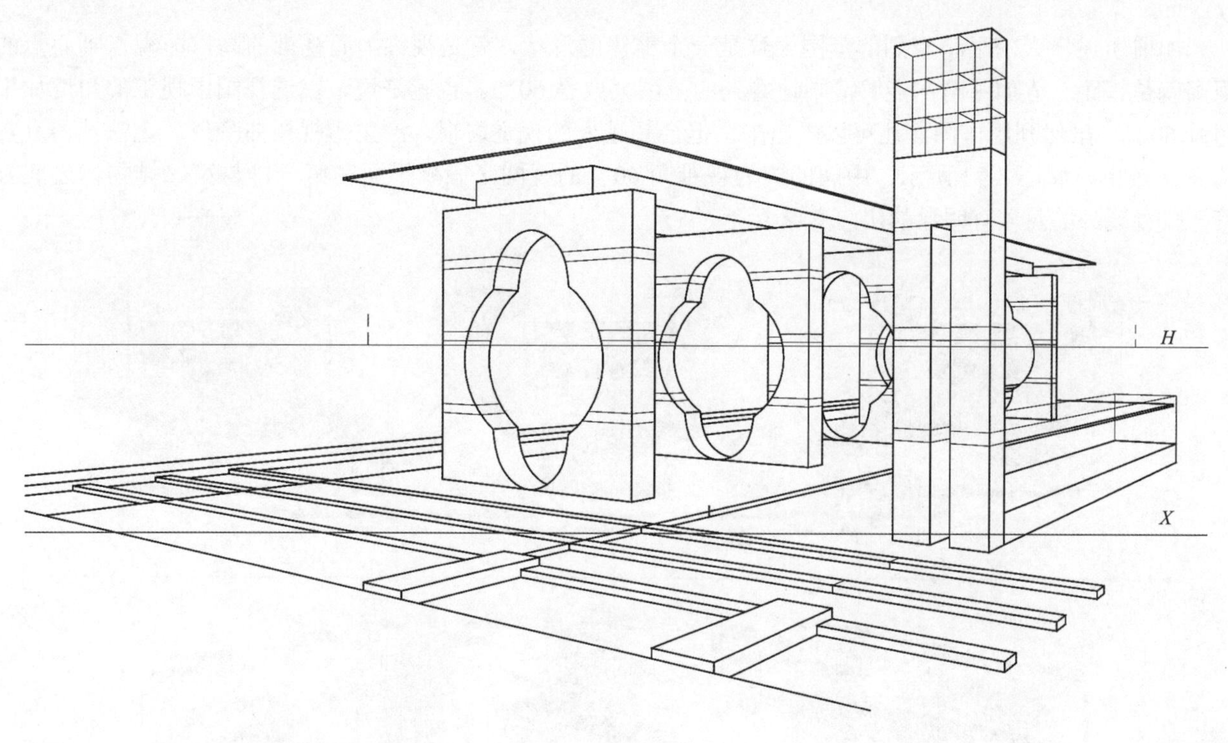

图 3-21　景观小品场景透视步骤四

第三节　透视与比例、构图表现

在设计中，设计对象的结构、形体、色彩等造型因素体现到外观形态上，必然同一定的尺度相联系，不同的尺度之间表现为一定的比例关系。如物体与物体的大小、长短比例；在色调上，从明到暗的各色阶层次之间的灰度、明度比例等。在透视表现中，各种表现对象在一个固定视点中，由于其实际大小、形状、位置关系的不同，在透视图中的形状、色彩及与明暗对比也呈现出不同的比例关系，这种关系根据视距、视高、视角的不同呈现出不同的层次性，从而使读者产生真实的视觉感受，这就是透视意义上的比例问题。

而同一场景，由于观察者的视距、视高、视角的不同，也会在透视画面中呈现出千姿百态的形象（见图 3-22）。设计师在对设计对象进行透视表现时，如何选择恰当的视距、视高、视角，使画面呈现出和谐、稳定的效果，使读者对设计形象产生真实的理解与美的感受，这就是透视意义上的构图问题。

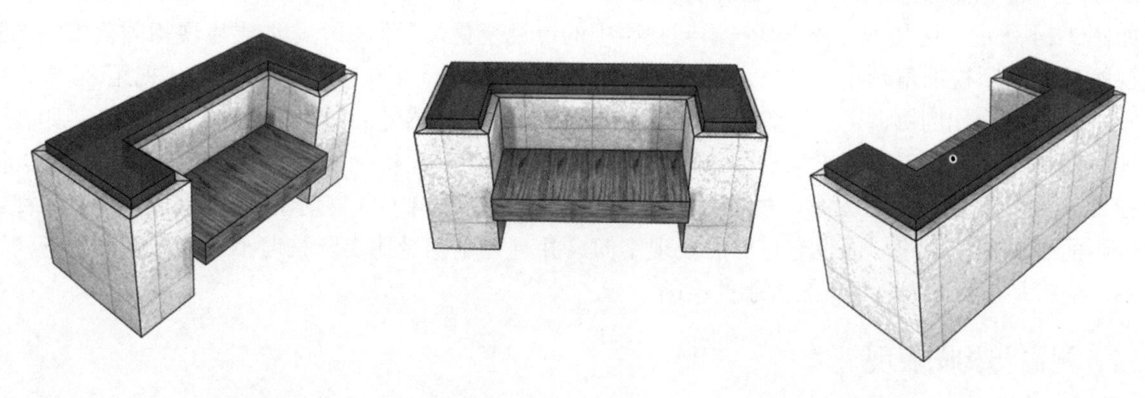

图 3-22　同一物体不同角度的视觉效果

一、视距与构图表现

如前所述，人的眼睛看到的范围大致是一个椎体的形状，就是视锥。而视锥的高，即视点到心点的距离就是视距。人的眼睛，能够清晰地看到的范围大致是 60° 。也就是说，在透视图中视锥的角度如果超过 60° ，虽然利用作图法还可以画出来，但会超越人的视觉习惯，产生透视扭曲变形，无法获得真实的表现效果。如图 3-23 所示，中间的圆为视锥角 60° 的视圈（假想平面在第一排与第二排物体之间），第一排视圈外的对象有明显的扭曲变形。

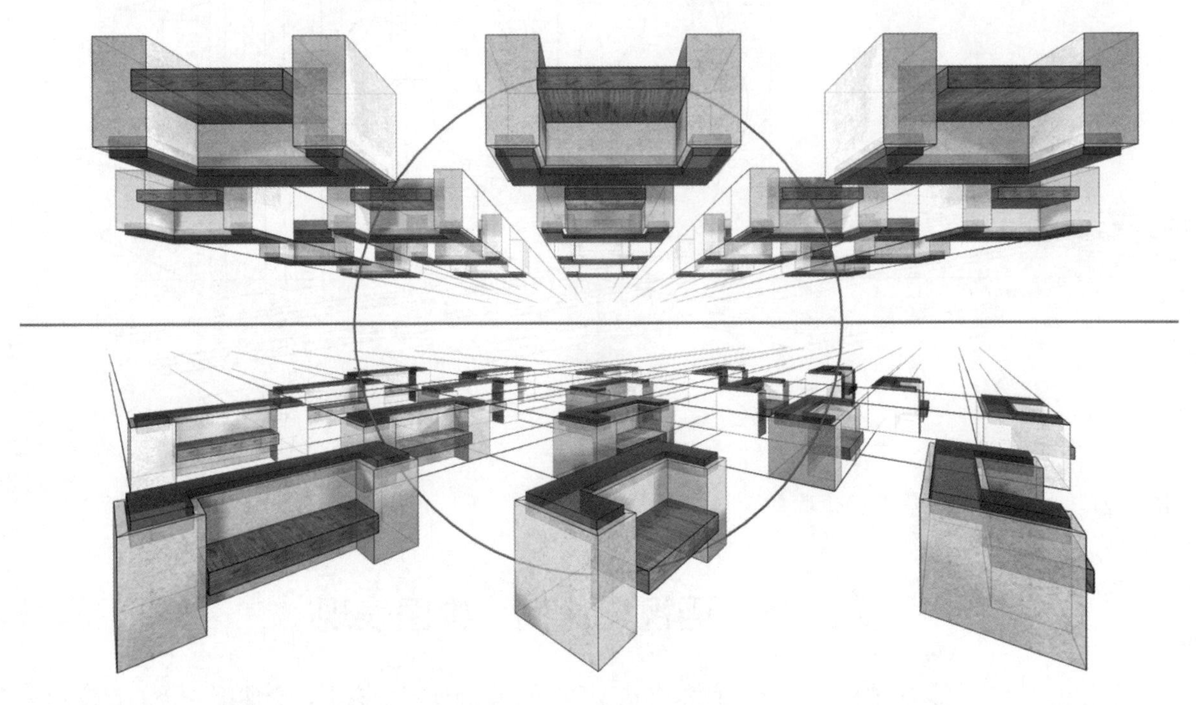

图 3-23　同一物体不同角度的视觉效果

一般来说，视锥角在 28° 到 37° 之间，会产生较适宜的视觉效果，大于 60° 会产生视觉扭曲变形，而小于 28° 则会因为视距过远、透视变形太小而显得过于呆板，也因灭点太远而增加了绘图的难度。当然，以上只是一种相对的尺度，在一张透视图中，视距大的物体视锥角小，反之亦然，所以所谓的合理视锥角，一般指的是画面所要表现的主体物体，也就是设计表现所要“重点刻画”的物体。在设计表现的技法中，为了表现合理的层次感，距主体物体较远的景物一般采用“虚化”的表现手法，就是降低明暗对比度、色彩饱和度等。而在构图中，有时距主体物体较近的物体无法回避，且有明显变形，这种情况下也可以采用“虚化”的方法处理，以达到画面的统一性。

如图 3-24 所示，这是一个候车亭在不同视距中的透视变化。我们知道，如果表现相同范围的场景范围，视距越大，则视锥角越小；反之，视距越小，视锥角越大。如图 3-24（a）所示，视距 86 米，主体视锥角 36° ，画面比例协调，层次清楚，能给人合乎实际的视觉感受；如图 3-24（b）所示，视距 43 米，主体视锥角 70° ，我们看到候车亭沿路一面明显拉长，视觉感受比实际长度大，站牌距离感觉比实际远，整体扭曲变形，这就是视距太小、视锥角太大的原因。如图 3-24（c）所示，视距 260 米，主体视锥角 18° ，画面中候车亭沿路一面没有足够的表现空间，并且视觉感受比实际长度小，整个画面缺乏活力与层次感，这就是视距太大、视锥角太小的原因。

二、视高与构图表现

所谓视高，就是心点到基面的垂直高度。在透视表现中，同一场景随着视高的变化，景物的层次和远近关系、角度细节都会发生变化，整体给读者产生的心理感受也会不同。不难想象，在楼下和在楼上

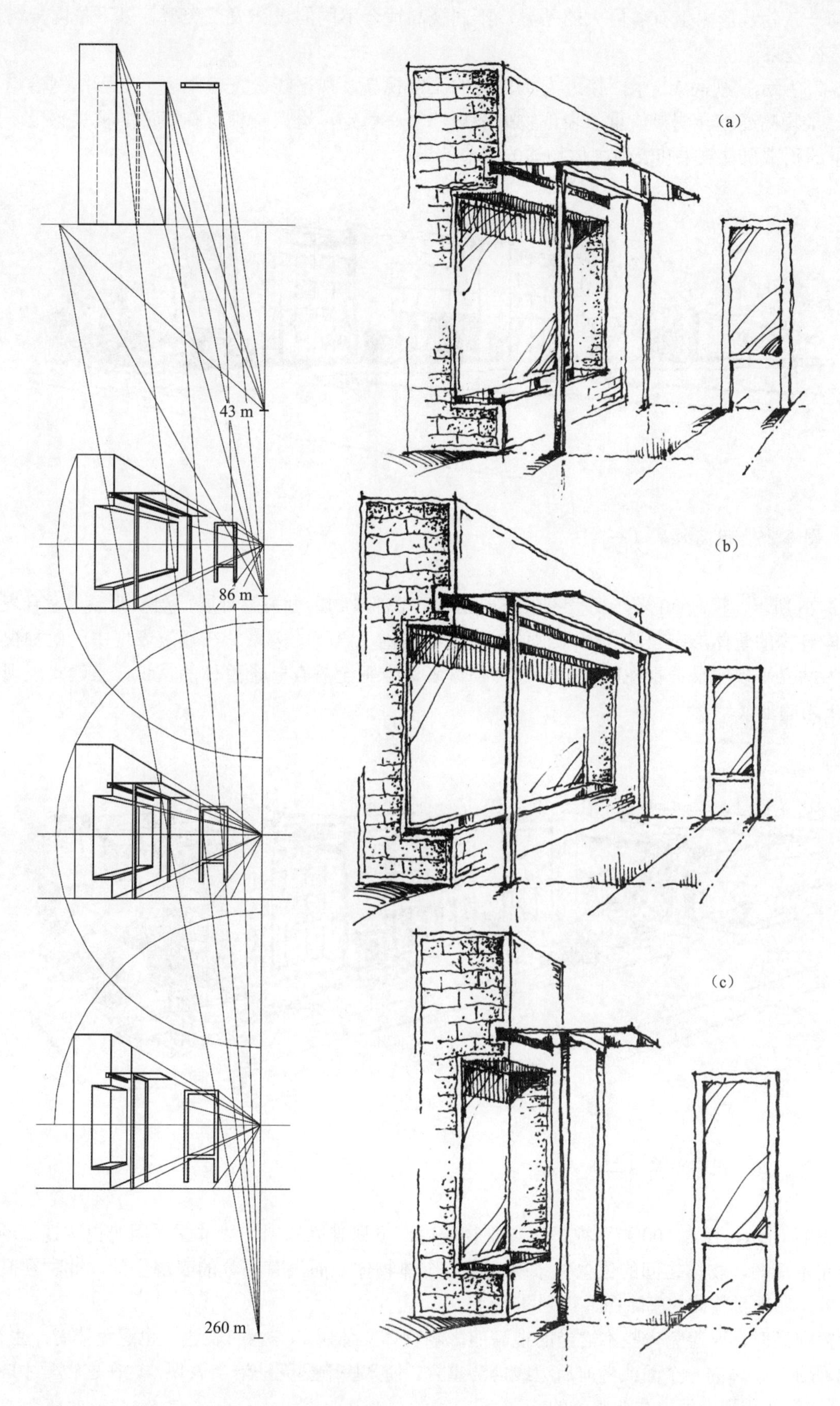

图 3-24　视距变化所产生的不同效果

(a) 视距 86 m，主体视锥角 36°；(b) 视距 43 m，主体视锥角 70°；

(c) 视距 260 m，主体视锥角 18°

观察到的同一景物从形象上有着巨大的差异，不同视高适合不同的设计表现类型。以下是同一场景不同视高下的透视效果。

如图 3-25 所示，视高 1.5 米，接近人直立时的正常视高，视平线位置偏中下，上下比例恰当，消失缓急均匀，景物高度差异明显，重点表现物体突出，重心稳定，给人一种身临其境的视觉感受。比较适合表现场景的正常视觉效果和表现主体物体的细节效果。

图 3-25　视高效果（一）

如图 3-26 所示，视高 30 米，视平线在景物上部，下部景物远近关系舒展，层次明显。适合表现场景尤其是主体景物的整体形态及其和周边物体的体量、位置、角度的关系。在建筑表现中，此种视高透视图可以作为站立平视效果透视图的有力补充，使读者对方案全貌有一个整体的认识，是建筑表现中近年来被广泛采用的形式。

图 3-26　视高效果（二）

如图 3-27 所示，视高 100 米，视平线离景物较远，平视难以构图，故本图采用俯视透视，场景整体平面布局显示清楚，物体之间的位置关系明朗，但个体物体立面没有充分的表现空间。此种视高适宜表现整体场景，如项目整体的鸟瞰图、规划图等。

在设置视高时，要避免一些不恰当的视高而影响物体立体感、美感的表达，也避免读者产生视错觉。如图 3-28 所示，物体的一个面或者前后边线恰巧重合，使某些造型无法恰当表现，这在透视学中叫做“积聚性”，是我们在透视表现中注意避免的。

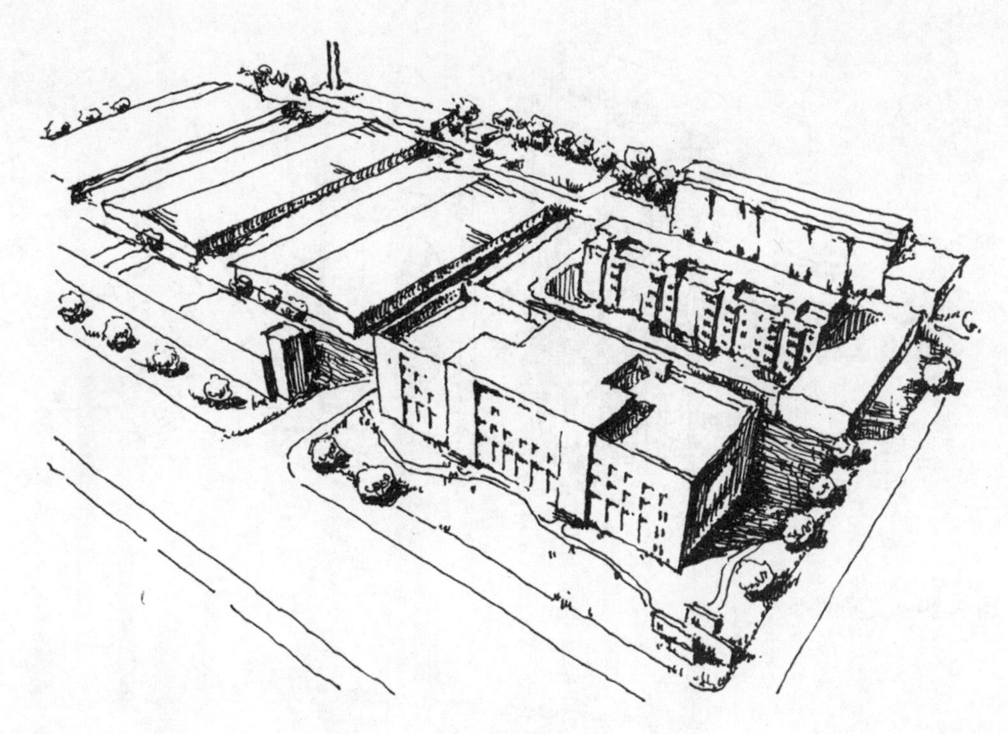

图 3-27　视高效果（三）

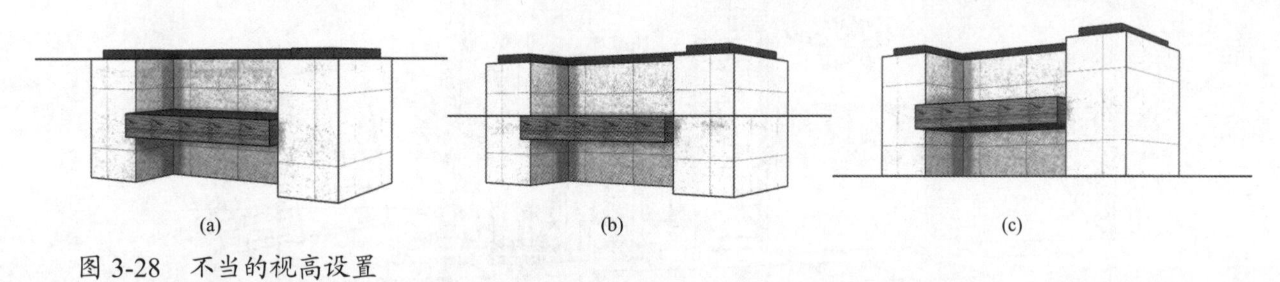

图 3-28　不当的视高设置

（a）视高与物体上面高相等；（b）视高与物体中间面高相等；（c）视高为零

三、视角与构图表现

在我们的日常生活经验中，景物都有一个“最美的角度”，可见视角对物体形象表达的重要意义。在透视学中，任何物体的透视表现都是在一个固定的视角中完成的，平行透视只是物体的一个面与假想画面平行的特殊视角状态。广义上讲，观察物体的角度、高度都属于视角的范畴。而本部分内容讨论的“视角”问题是在固定视高的状态下的透视角度问题。

在平视（主视线与基面平行）的状态下，视角问题由两个因素构成，一个是观察对象与假想平面的角度；另一个是观察对象与主视线和主垂线的横向位置关系。在这两个因素中，第一个与表现对象的展示效果关系密切，而第二个更关系到画面的重心与稳定。

如图 3-29 所示，此角度重点表现场景拐角处的效果，也是本场景中的视觉中心，通过此角的两个立面构成本场景的全部外景观（另两侧与其他场景相连）。本图以拐角处为中心和视觉平面形成大约 30° 和 60° 的夹角，较好地表现出了场景外观的整体效果，构图稳重。因为表现对象的长宽大致相当，所以角度应避免采用 45° 而形成呆板的视觉感。此种透视角度适合表现建筑外观。

如图 3-30 所示，此角度主要表现左面外墙造型，由于视觉中心在外墙右面，故在构图时视觉中心点适量右移，角度适量向右倾斜，形成较稳定的构图效果。但是由于场景缺乏空间进深，画面整体感觉仍嫌单薄。应在近处和远处设置适量的配景作衬托，以丰富画面效果。此种透视角度在一些室内场景中使用效果较好，但要注意到最近点的变形问题。

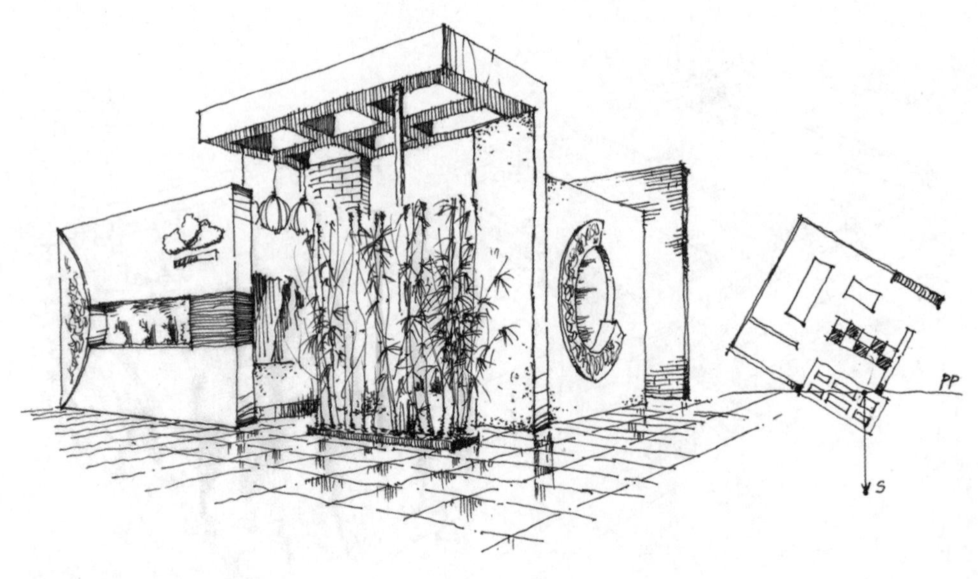

图 3-29　视角效果（一）

图 3-30　视角效果（二）

如图 3-31 所示，此角度主要表现右面外墙造型，整个立面造型体量平衡稳定，圆窗造型处于立面几何中心，以圆窗圆心为心点，采用平行透视，使画面呈现出均衡稳定的效果。此种透视角度适合表现对称的、严肃的、宏大的场景，但如果利用不当也会产生呆板的感觉。

图 3-31　视角效果（三）

在视角的选择中，也应该避免一些尴尬的、不当的视觉角度，使透视产生“积聚性”，如图 3-32 所示。

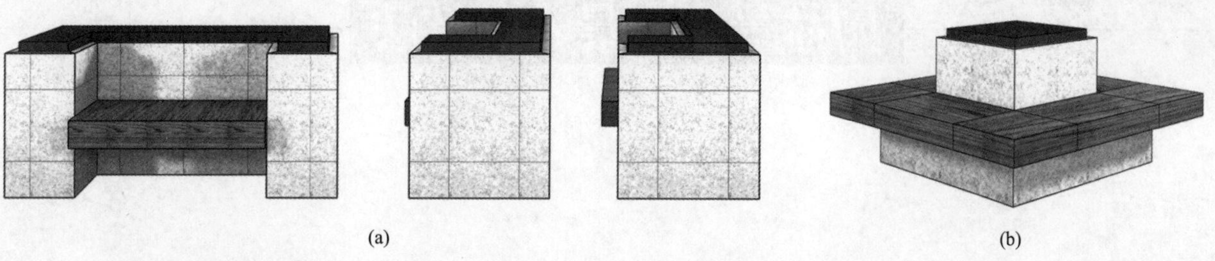

图 3-32　不当的视角设置

（a）视角与立面重合；（b）视角与对称角重合

【作业要求】

参照案例，完成平行透视、成角透视各一张。

【作业规范】

A3 复印纸。

第四章 园林景观配景表现技法

【训练目的】

熟悉各种园林景观配景的表现方法，能够对各景观元素进行平立面线条和着色表现，提高创作景观配景的能力。

【建议课时】

24 学时。

园林景观环境中的配景起着决定性作用。手绘配景主要是环境内容，它们都是生活中常见的景观元素，主要包括建筑、植物、水、山石、人物、车辆、景观小品、公共设施等，这些内容是景观中最基本的元素，通过设计元素的相互连接和组合，构筑成一个庞杂而稳定的体系，使用构图手段安排和调控设计元素之间的关系，将其合理安排在画面上，使各元素相互作用、相互依存，并在设计中平衡协调整体关系，适当进行局部的深入表现，体现设计的中心思想，这就是景观设计。要将景观配景元素的特征很好地表现出来，就要求设计者经常观察生活中常见物体的形态特征，以便更好地利用和深入表现。

第一节 园林景观中植物的表现技法

植物属于软质景观，是园林景观的四大要素之一，在设计方案中起到衬托和美化环境的作用。在园林景观中，植物大致分为乔木、灌木、花卉、草本植物、藤本植物、水生植物等类型，每类的形态不同，在手绘表现中要有选择地使用，以免对画面起到不好的效果或造成不必要的影响。在这里，主要介绍树木和花草两大类园林景观中出现最多的植物类型。在园林景观设计中，会绘制景观的概念性平面、立面施工图和景观效果图，园林植物的概念图案主要起到装饰作用。下面，针对园林植物的特性及其在概念性平面、立面施工图和景观效果图中的表现方法和技巧进行介绍。

一、树木类

植物是景观设计表现中的重要表达内容之一，植物类元素中以树木为主。树木是美和生命的象征，树木表现效果的好坏会在很大程度上影响整张效果图的品质。我国风景园林观赏树木的品种类型繁多，根据气候条件和地域环境的不同，大体可分为南方树木和北方树木两大类。典型的南方树木有棕树、梧桐树、杉树等；北方树木有松树、银杏、杨树、樱花等；根据树木的高低大小、主干形态的不同，可分为乔木、灌木、匍地木、攀缘木等；按照在园林景观配景中的作用不同，又可分为前景树、中景树和远景树，每种树又有生长型、生态型和人工修剪型等不同类型。此外，树木在不同季节的色彩形态都会有所变化。因此，要画好树首先要掌握树的种类及生长习性，经常去室外，观察树干的走向、树叶的形态特征及随季节变化的颜色状态；其次，要有对各种树木特性和生长姿态进行概括的能力，把握树木的轮廓特征和外观形态。在生活中经常见到的树形有圆球形、卵形、圆锥形、尖塔形、三角形、梯形、葫芦形、伞形等，创作时将不同树形在画面中交替出现，以增加场景的自然效果。绘制多棵树交叠的树丛，要注意整体的外形美和枝叶聚散关系，姿态的大小、曲直要安排得体，互有呼应、互有联系，衬托整体效果。

要绘制一张视觉效果良好的表现图，前提条件是合理地构图。无论树形如何变化，都要讲究构图，构图有多种风格，活泼、动感或严谨、大气均可；其次，要把握好素描关系，即注意受光面和背光面的区分和过渡，先抓住轮廓的动势，再刻画明暗关系，最后调整色彩关系。绘制时可以使用凹凸线条来弥补形体的不足或者背光面的细节，使画面更富于立体感和真实感。如图 4-1 所示。

（一）乔木

乔木是指树身高大的树木，由根部生长出独立的主干，树干和树冠有明显区分。一般而言，主干直立且高达 6 米以上的木本植物都为乔木。依树体高度不同，而细分为大乔木（21 ～ 30 米）、中乔木（11 ～ 20 米）、小乔木（6 ～ 10 米）等；按冬季或旱季落叶与否，又分为落叶乔木和常绿乔木。乔木常与低矮的灌木相对应，常见的乔木有木棉、国槐、合欢、松树、白玉兰、白桦、香椿、七叶树、桉树、小叶榕、大花紫薇、红花紫荆、菩提等。

在植物平面表现图中，乔木通常用圆形的顶视图来表现外形，平面可先以树干位置为圆心，以树干平均半径为半径，作出近似圆，再在圆内进行线条勾勒。线条可粗可细，轮廓光滑，也有个别需表示缺口，用线条的分解表示树枝或枝干的分叉，用线条的聚集表现树冠的质感和体积感。为准确清楚地表现树群、树丛的层次，可采用大乔木覆盖小乔木、乔木覆盖灌木的形式。为避免图线重叠，也可用粗线勾画外轮廓，再用细线画出各种小树的位置。竹子一般在平面表示为“人”字形画法，在种植范围的轮廓线内疏密有致地分布。如图 4-2 和图 4-3 所示。

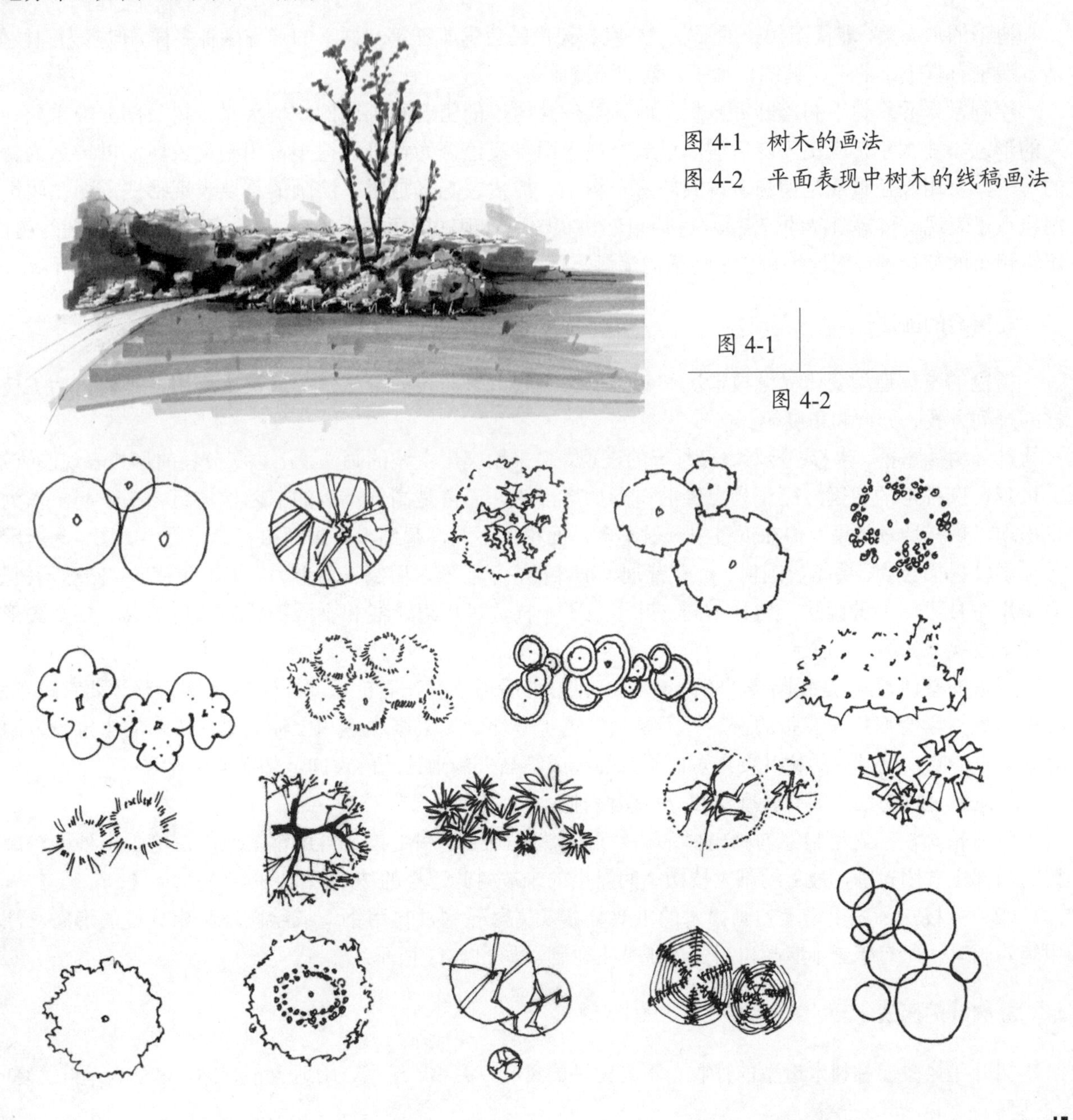

图 4-1　树木的画法

图 4-2　平面表现中树木的线稿画法

手绘过程中要注意树木在画面中的透视关系，它们有前后关系和虚实关系，还要交代树枝与树干的穿插关系，如树枝“女”字形的交叉关系，就把树的近景、中景、远景在景观中的表现形式体现出来。在练习时要注意把握近景、中景、远景树的整体型和树冠的自然形体特征。要画得有节奏，用自由曲线的形式去表现，不断追求变化，有感悟地去理解，进行有针对性的训练和写生，注意不要把所有的树都画成一个模式，造成机械化、模式化，使画面显得呆板。应当掌握不同树种的基本形体特征，树叶、树枝、树冠的走向，甚至树叶的造型，以及树叶互生、对生和丛生绘制方法的区别。特别是初学者，一定要到室外多观察、多了解、多写生，要牢记树木的外形特征。注意画面上树的体积感表现，注意明暗变化和光影方向。一般而言，树叶上疏下密，树枝上密下疏。根据阳光强弱，枝叶遮荫浓淡，绘制树木时，树冠部分多用线条或暗调表现枝叶的阴影；而下部枝干因受到光线直射或受地面反射，用亮调表现。此外要注意大小树枝表现，大树枝要注意结构和树皮的肌理；小树枝要自由、活泼。如图 4-4 所示。

在现代景观环境中，特别是我国亚热带地区，常用的树种有大王椰子、棕榈、蒲葵、假槟榔等，这些树木的树形挺拔，树冠各具特色。日常练习时，需要对此类树种的树形和层次进行强化训练，并掌握叶形的特征。下面具体介绍树木的表现技法。

1. 树干的画法

树干的形态美，取决于树干的形状、高度和树皮的色彩肌理等。树干的形态多种多样，但多为圆柱体，基本造型有直干、曲干、缠绕、攀缘、匍匐、侧卧等。

绘制常绿乔木树干和落叶乔木树干时，要注意树干的粗度和长度的比例关系，树叉部分很重要，分叉的形态不能太小，应该先陡后缓；以天空或水面等淡色调为背景的树干常用暗调表现；以树丛为背景的树干，宜用亮色调或是留白表现其轮廓。树干、树皮、光影是树干绘画的重要表现形式，如在阴影处用粗点子表现香椿等粗糙的干皮特点；用自然块状图块表现法国梧桐等树皮；用长条笔触表现桉树等树皮；用纵粗短的笔触表现国槐等树皮；用横向笔触表现杏树、梨树、碧桃等树皮。如图 4-5 和图 4-6 所示。

2. 树冠的画法

树冠的整体造型变化受分枝情况和叶群的影响较大。树枝的分枝情况起决定作用，主要包括主枝分枝的排列方式、方向和角度等。

针叶树如雪松、水杉、冷杉、云杉等的表现，多采用突出主枝的画法，用总状分枝的形式表现圆锥形、尖塔形、圆柱形的树冠。而作为点缀的树形如塔形树，通常是高低不等的三两棵树组合在一起，作为背景出现，烘托场景效果。但在近景中一般不多，面积也不大，起到丰富画面内容的作用。如图 4-7 所示。

阔叶树如合欢、香椿、国槐、红花紫荆、小叶榕、丁香等，用倒三角形、卵形、葫芦形、圆球形树冠，多采用主枝不明显的画法。树种不同，叶形也不一样，可用点、线和不同形状如三角形或不规则图形的小图案表现。如图 4-8 所示。

树冠的整体画法，是先围绕树干画整体轮廓线，然后再绘制叶群轮廓，慢慢深入。树冠整体要有疏有密、疏密自然，学会概括和夸张的表达，不要画得过于平均，失去层次感和立体效果。树木的树冠下方阴影处笔触重一点，针叶树的树叶要用短而平直的线或笔触去刻画针叶的走向。如图 4-9 所示。

绘制树冠的方法主要有轮廓法和分枝法两种。

（1）轮廓法：先用铅笔勾画出树木的外形，然后画主干和主枝，再用钢笔或绘图笔画出外围轮廓和树的局部主枝团轮廓，最后绘制主枝团之间露出的未被树叶遮挡的枝干。如图 4-10 所示。

（2）分枝法：先用铅笔勾画树木的主要分枝及树冠轮廓，再用钢笔或绘图笔画出分枝的形态，注意用笔勾画时，所有笔画不应超出树冠外围基本轮廓。如图 4-11 所示。

3. 树叶的画法

树叶是风景园林树木造型的外衣。不同树种的树叶，大小、造型、质地也不相同，可分为单叶、复叶、

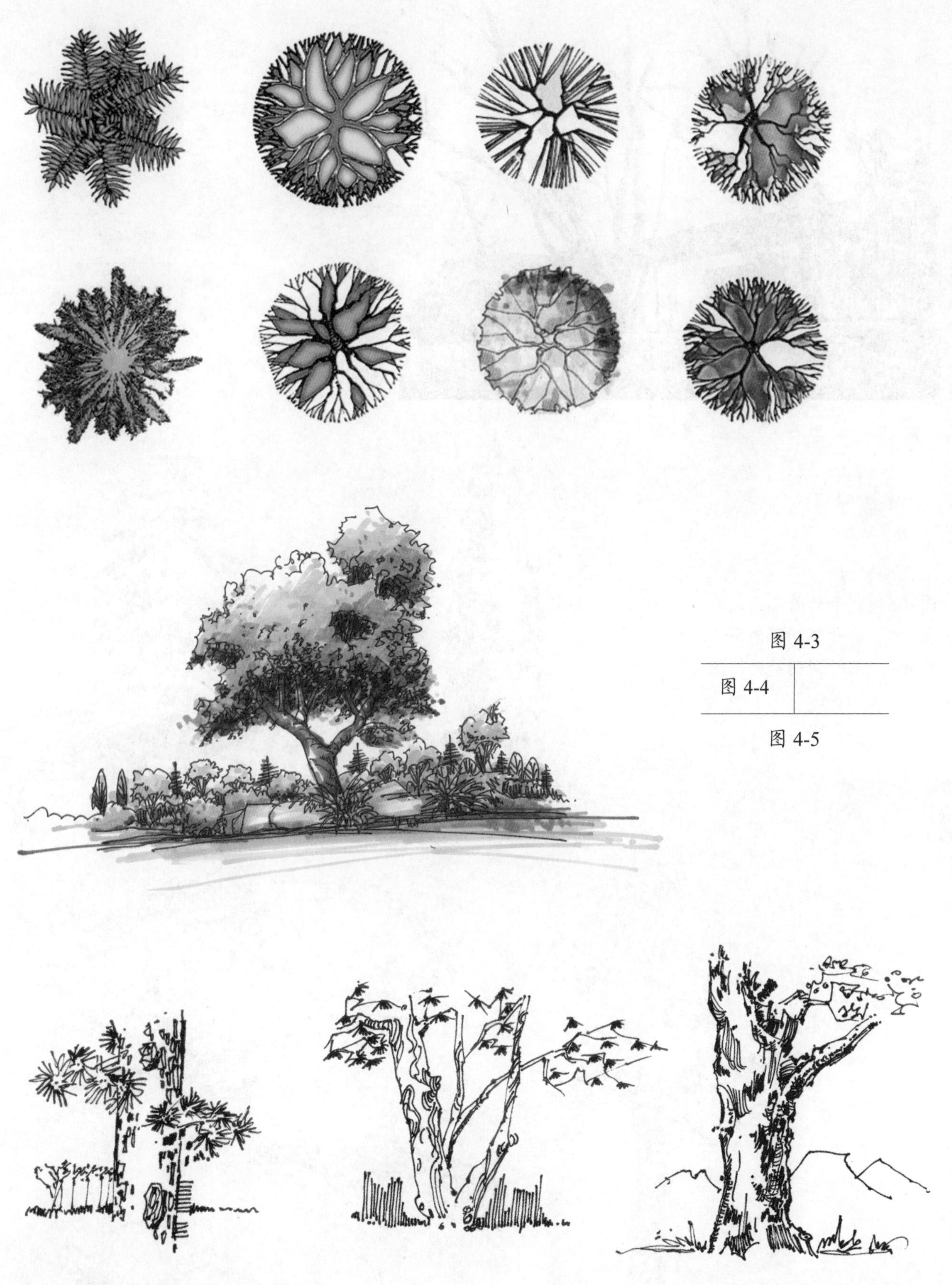

图 4-3　平面表现中树木的着色画法
图 4-4　树木的着色表现
图 4-5　树干的线稿画法

图 4-6

图 4-7

图 4-8

图 4-6　树干的着色画法
图 4-7　针叶树树冠的画法
图 4-8　阔叶树树冠的画法

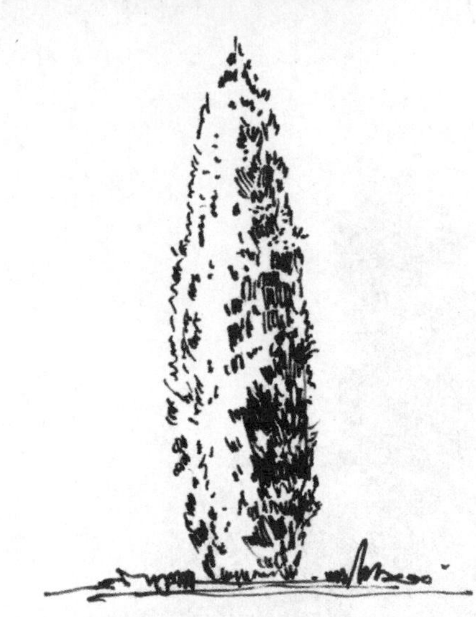

图 4-9
图 4-10
图 4-11

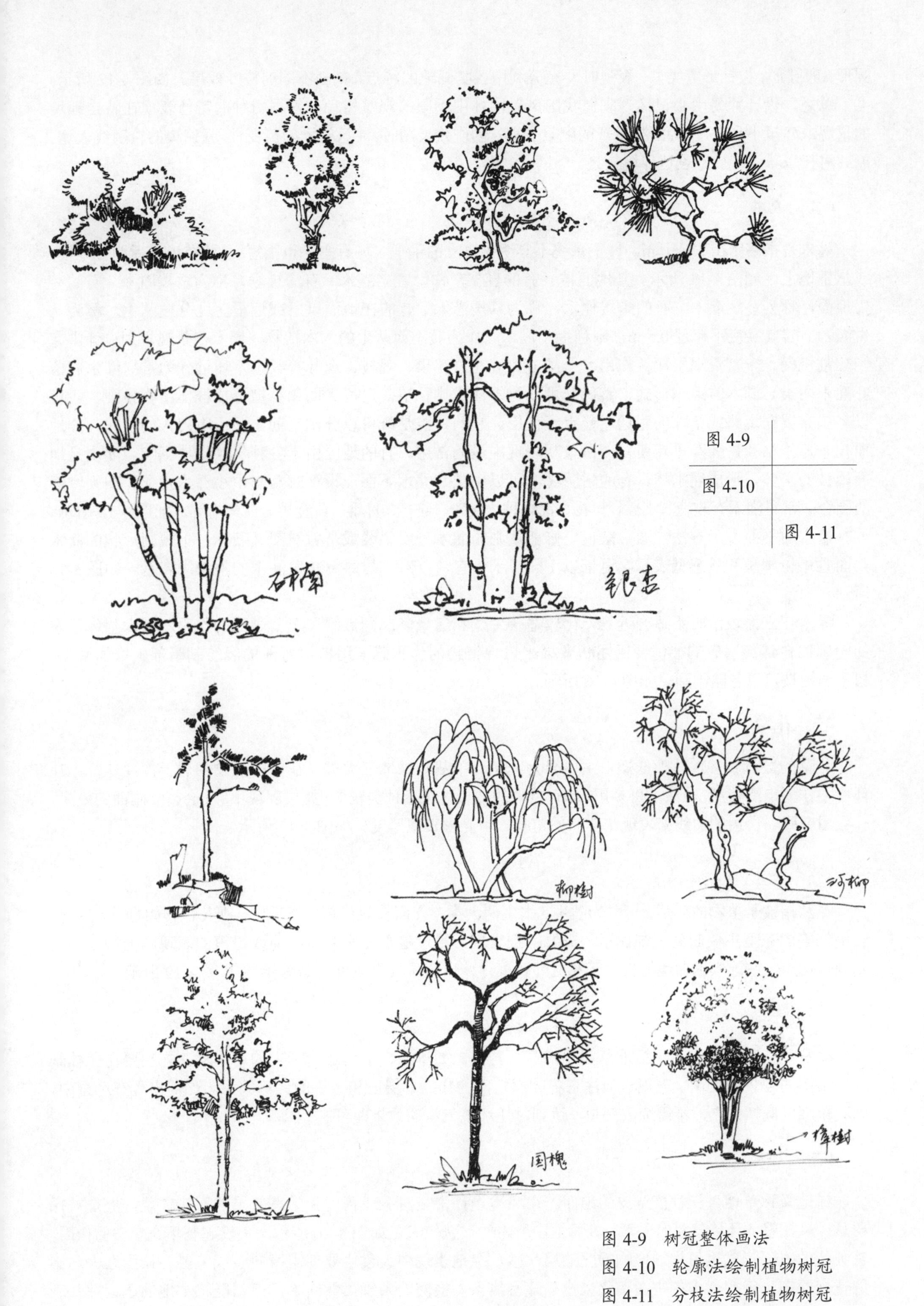

图 4-9　树冠整体画法
图 4-10　轮廓法绘制植物树冠
图 4-11　分枝法绘制植物树冠

圆形、卵圆形、披针形等类型，表现时要充分利用各类画笔的特点，刻画不同的枝叶效果。如图 4-12 所示。

总之，设计师要用心记忆，掌握我国风景园林中不同的观赏树种，根据树种的特色表现在特定地域的景观或建筑小品中，作为园林景观的配景表现。创作效果图时，注意树木的可变性，强调树的轮廓线表达。能够衬托场景，有效地表达环境气氛。

（二）灌木

灌木是指高度在 3 ～ 6 m，枝干系统不具明显直立的主干（如有主干也很短），并在出土后即行分枝，或丛生地上。如图 4-13 所示。其地面枝条有的直立，称为直立灌木；有的拱垂，称为垂枝灌木；有的蔓生地面，称为蔓生灌木；有的攀援他木，称为攀援灌木；有的在地面以下或近根茎处分枝丛生，称为丛生灌木；若其高度不超过 0.5 m，则称为小灌木。作为矮小而丛生的木本植物，灌木在景观规划设计中起到分割空间、丰富景观层次等作用。一般分为观花、观果、观枝、观叶等类型，还可分为常绿灌木和落叶灌木两类。灌木的组织形式丰富，既可作为绿篱成排种植，也可大面积种植形成群体植物景观，还可以零星布置在道路或草坪的附近，起点缀作用。它的特点是既可以分割空间，又不阻碍人的视线，如地面枝条冬季枯死，翌春重新萌发，在景观表现中最为常用。有的地区由于各种气候条件影响，灌木是地面植被的主体，形成灌木林。有的耐阴灌木可以生长在乔木下面，设计时常与中小乔木搭配，加强空间的围合。常见灌木有玫瑰、小檗、黄杨、铺地柏、连翘、迎春、月季、黄金榕、黄素梅等。如图 4-14 所示。

灌木的平面表示方法，通常来说，修剪规则的灌木可用斜线或是弧线交叉表示，不规则形状的灌木平面宜用轮廓型和质感型表示。冠幅以 1 ～ 2 米为宜，自然式的绿篱常用灌木的外缘线表示。如图 4-15 所示。

灌木在立面表示时不适合近景，比较适合中景和远景，起到点缀和丰富画面的作用。灌木整体形态的轮廓线自然而富有韵律，要用团状效果来表现植物的体积感；用自由弯曲的线绘制暗部、增加密度，树干与树枝可以忽略不画。如图 4-16 所示。

二、花草

花草的数量较多，体形低矮，主要分为花丛、草丛和绿地三大类，在园林植物中居于次要地位。在环境中作为点缀使用，虽然不可多用，却有点睛的效果。花草种类较多，如果表现不够，会影响画面的效果，一般用夸张、自由的曲线来表现花草的外轮廓，用光影表现厚度。如图 4-17 所示。

（一）花丛

花丛指被子植物的群落，可分为陆生、水生两大类。在园林效果图的表现中，观花植物如月季、玫瑰、一串红等的花型主要起到装饰作用，需要细致表现，尽量趋于写实；而花池或绿篱的表现就无须太细致刻画，使用一些连续的曲线概括表示花丛外轮廓，体现团状效果即可。如图 4-18 和图 4-19 所示。

（二）草丛

草丛泛指草本植物（包括禾草与非禾草）群落，如草原、草甸及沼泽中的草本群落。主要在园林景观效果图的近景中使用，表现时应注意各叶面之间的穿插、层次和大小的比例关系。如需出现在远景中，则其轮廓以概括为主，不需细致刻画，达到衬托环境气氛的效果即可。

（三）绿地

绿地又称草地，指种植草皮的地面。在环境设计中是对绿化程度和生态效果的直接体现，更是衬托树丛、烘托整体环境气氛的要素，在画面中所占的比例较大。如图 4-20 所示。不仅起到填充空白的作用，其独特的表现形式也可增加植物绿化的层次感。绿地表现中大色块要使用横向条纹笔触，按照近大远小的透视原理、近实远虚的空间变化来排列疏密线条，横向的条纹虽然简单，但却能将草地的远近关系表

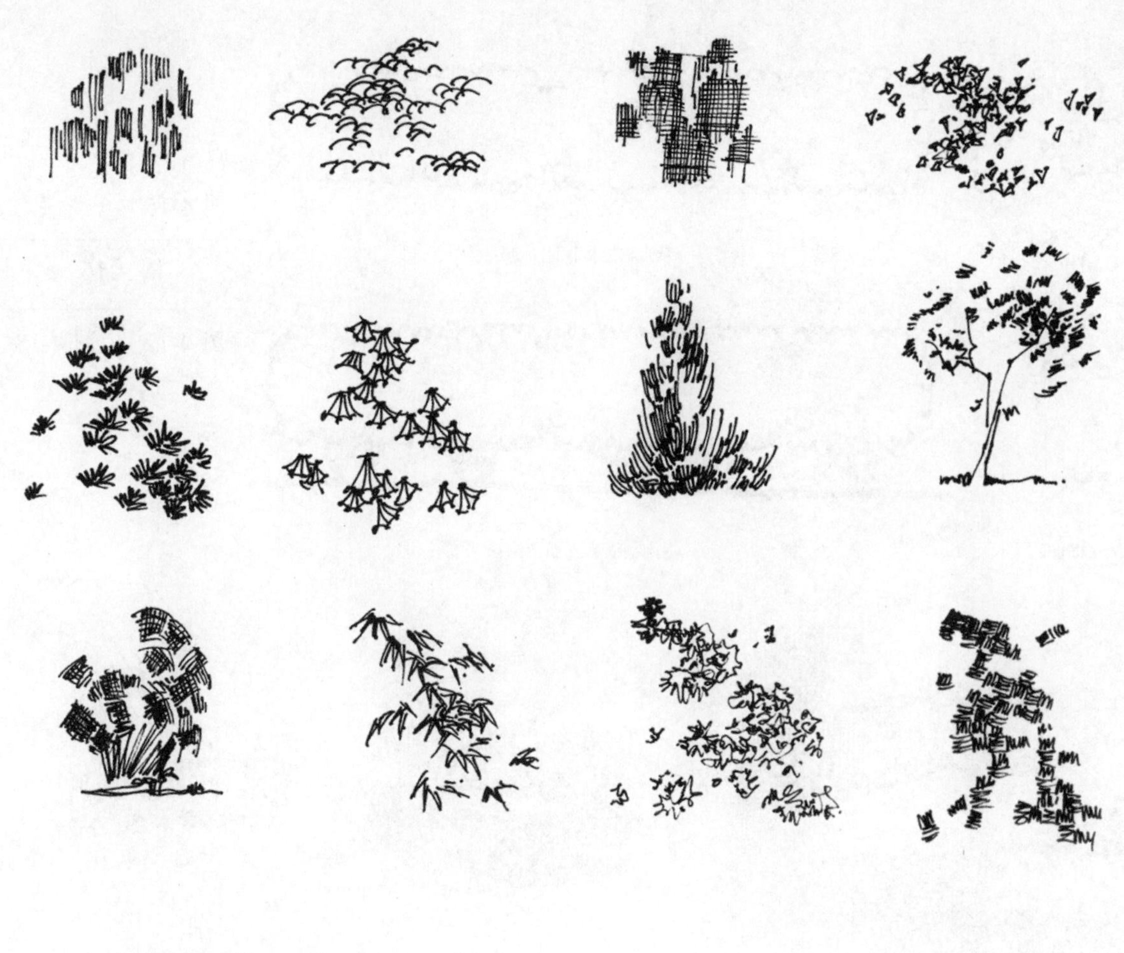

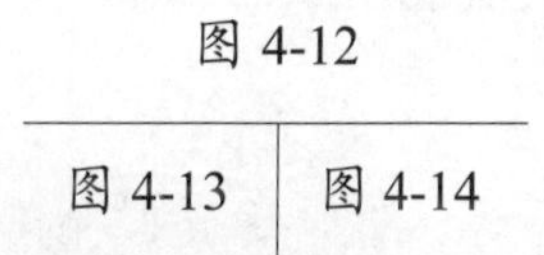

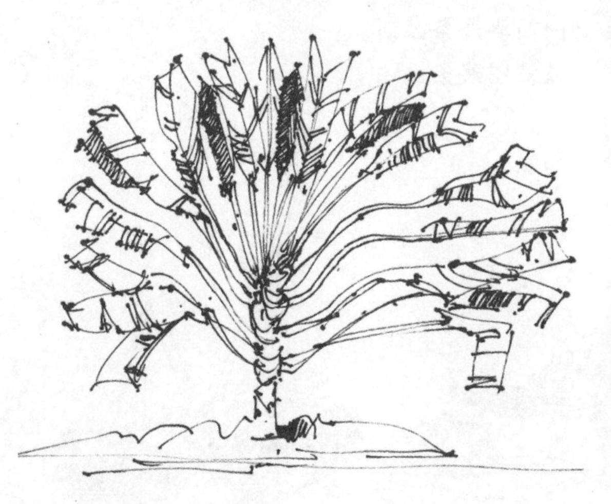

图 4-12　不同类型树叶的画法
图 4-13　灌木
图 4-14　球状灌木着色画法

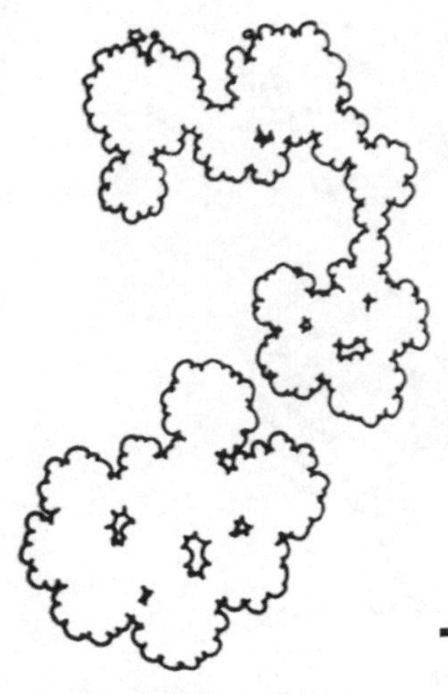

不规则型灌木平面图画法

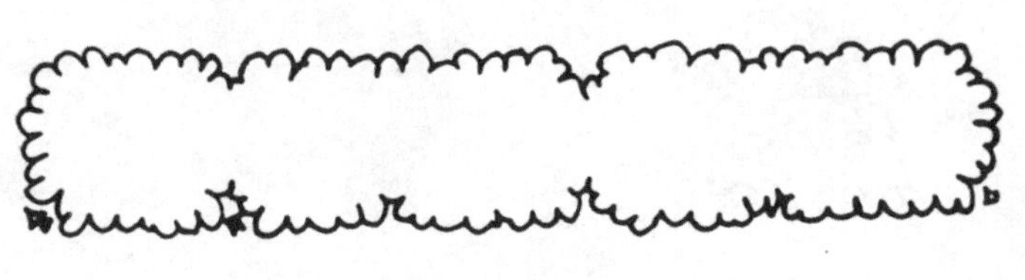

规则型灌木平面图画法

规则型灌木立面图画法

图 4-15	
图 4-16	
图 4-17	图 4-18

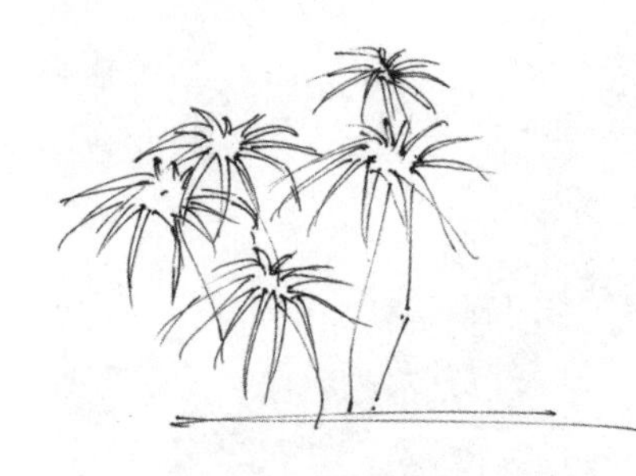

图 4-15　灌木平立面图简要线条画法
图 4-16　绿篱灌木的效果图线条画法
图 4-17　花草
图 4-18　花丛的线稿画法

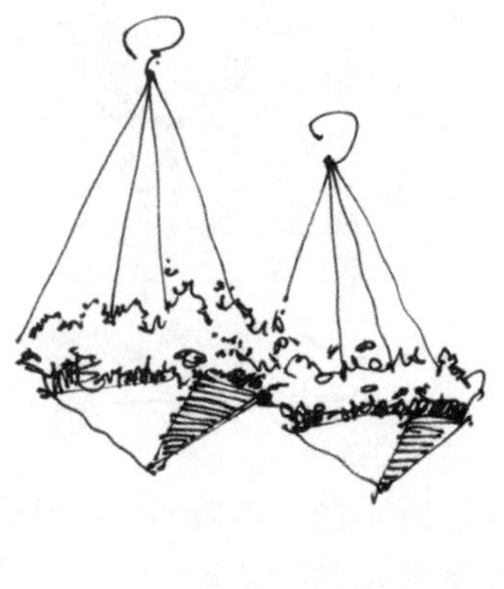

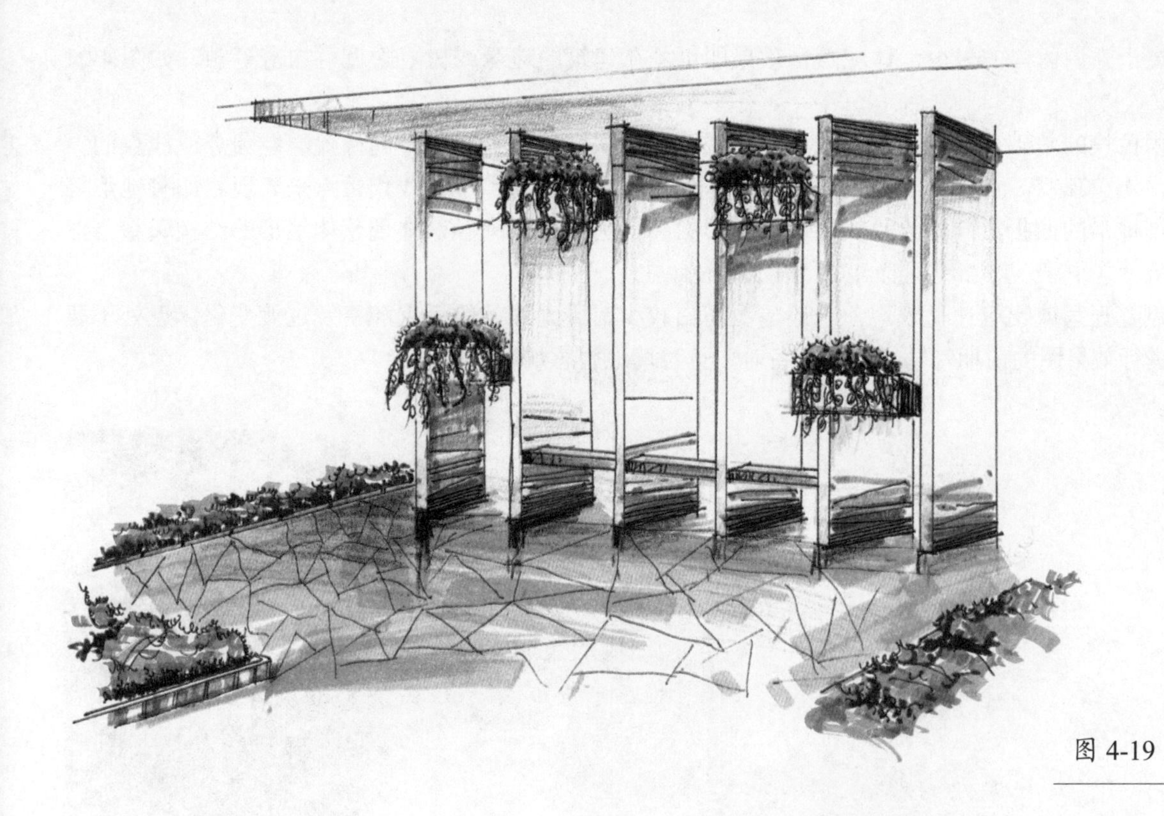

图 4-19

图 4-20

图 4-19　花丛的着色画法
图 4-20　绿地线条表现

示出来；不过于强调留白的多少，体现疏密效果即可。在建筑的边缘或树冠附近可加密笔触。如图 4-21 所示。

在大面积色块的基础上添加圆点、线点来表现草地层次。作为衬影时中间稀疏，但圆点或线点的大小差别不大，无论疏密，点的大小都要相对均匀，也可以用小短线、小曲线代替点来表现。如有地形等高线时，依据地形的曲折方向勾绘稿线，顺着地形的起伏关系排列笔触，体现整体地形的结构关系，然后在近景点绘一些小草以增加空间感。如图 4-22 所示。

如果是钢笔速写或铅笔速写表现，一般情况留白较少，讲究线条的远近疏密及过渡变化，近处不要特意省略。进行效果图的前期勾勒、草图准备时，可对草地质感加以轻微描绘。

图 4-21　草地笔触表现（一）

图 4-22　草地笔触表现（二）

图 4-21

图 4-22

第二节　园林景观中假山石的表现技法

园林中以造景为目的，用土、石等材料构筑的山，称为假山。中国传统的庭院式景观，常以山、石及水的结合创造出简朴自然而又千变万化的景观效果。假山具有多方面的造景功能，如构成园林的主景或地形骨架；划分和组织园林空间等，布置庭院、驳岸、护坡、挡土，设置自然式花台，还可以与园林建筑、园路、场地和园林植物组合成富于变化的景致，借以减少人工气氛，增添自然生趣，使园林建筑融汇到山水环境中。因此，假山成为表现中国自然山水园的特征之一，在景观表现中出现的频率较高，常设置在草丛、水岸、广场、建筑旁、园路边、庭院内等处。

根据假山在园林中的位置和用途，可分为园山、厅山、楼山、阁山、书房山、池山、室内山、壁山和兽山几类。假山的组合形态包括峰、峦、顶、岭、谷、壑、岗、壁、岩、岫、洞、坞、麓、台、磴道和栈道等，山石与流水宜结合为一体，相得益彰。

一、园林景观中假山石的表现技法

首先分析平面表现。假山石在平面中通常采用白描形式，用线条勾勒轮廓线，很少采用光线、质感的表现方法。山石的轮廓用线稍粗，主要体现石头在平面上的体积感。不同种类的石头绘制时要有不同的纹理表现方法。

其次，分析假山石在立面的表现。在营造园林景观时经常使用的天然石材有太湖石、黄石、宽石、英石、灵璧石、青石、石笋、黄蜡石、钟乳石及土石山。假山中还有纯粹的石山，常置于庭院内、走廊旁或依墙而建，以增加园林景观的趣味性，常体现为孤置、群置等方式，配置时要注意比例关系和群组关系，石的周边可适当加入少量植物或草丛、花卉作为衬托。在国画中有“石分三面”的说法，即将一块石材简化为六面体，通过勾勒轮廓等方法，将石头的左、右、上三个面表现出来，这样石头就有立体感了。用笔方面注意适当顿挫曲折，即“下笔宁方勿圆，有凹凸之形”。石块的造型、质感表现相当复杂，既有整体的大块面，又有微妙的小块面和裂缝的纹理。不同类型的石块特征和表现方法也不相同。整体来看，石结构的表现主要是通过对树木及周围的光影描述来实现的，表现时注意线条的排列方式应当与石材纹理、明暗关系相结合，也可借鉴国画中的皴法如荷叶皴、雨点皴、牛毛皴、卷云皴、大小斧劈皴、乱柴皴等进行表现，如图 4-23 所示。下面分别介绍几种主要的假山石表现方法。

（一）太湖石

叠山石最为有名的便是湖石中的太湖石，以产于太湖洞庭山消夏湾者为最优。太湖石属于石灰岩，多为灰色，少见白色、黑色。相对而言，石灰岩容易受到外来力量的风化侵蚀，如长期经受波浪的冲击以及含有二氧化碳的水的溶蚀，软松的石质容易风化，比较坚硬的地方保存下来，这样在漫长岁月里，太湖石逐步在大自然条件下精雕细琢，形成了曲折圆润的形态。太湖石为典型的传统供石，以造型取胜，“瘦、皱、漏、透”是其主要审美特征，多玲珑剔透、重峦叠嶂之姿，宜作园林石。其表现方法如下：勾勒出自然的轮廓线，以椭形体表示，刻画石洞时，加深其背光处来强调洞穴的明暗对比关系。即用单线将石头的上、左、右三面表现出来，加上皱纹处理，再细致刻画石洞形态，将石头的立体效果塑造出来。如图 4-24 和图 4-25 所示。

（二）黄石

最好的黄石产于常州黄山。山石的“石形、石质、石纹、石理，皆有不同”，所以，要按照所构筑园林的具体情况来决定取舍。黄山石形体菱角明显，节理面平直，具有强烈的光影效果，以雄浑沉实为特色。其画法如下：用转折线表现石块的菱角，在背光面加重线条，与向光面形成明显的明暗对比。如图 4-26 所示。

图 4-23

图 4-24	图 4-25
图 4-26	

图 4-23　山石的线条表现
图 4-24　太湖石线条表现
图 4-25　太湖石着色表现
图 4-26　黄石着色表现

（三）灵璧石

灵璧石顾名思义，产于安徽灵璧。石体融“透、漏、瘦、皱、伛、悬、蟠、色”以及音韵之美等诸多美学要素，包容米芾“四字诀”。灵璧石表现与太湖石有类似之处。均是通过光影的塑造来实现立体感。在山石上加一些通透的洞，或是表面适当增加“皴”的效果，石材纹理的表现就会很有质感了。

（四）青石

青石具有片状特色，主要是浅灰色厚层鲕状岩和厚层鲕状岩夹中豹皮灰岩，是青色的细砂石。其表现方法如下：用水平线条来刻画多层片状，转折线要呈“之”字形，背光面的线粗，较有层次感。如图 4-27 和图 4-28 所示。

（五）土石山

土山石分为两种，一种是土山带石，即在以土为主堆成的假山或山坡上半露岩石，犹如天然生就，或在山脚用垒石护坡；另一种是石山带土，“但以石作主而土附之”，在江南园林多见。土石山的表现方法如下：勾勒出自然的轮廓线，以椭形体现表示山石，轮廓线粗细要有变化，在与土接壤的地方加深线条，并用草或其他环境元素进行点缀。

图 4-27

图 4-28

图 4-27　青石线条表现

图 4-28　青石着色表现

第三节　园林景观中水景的表现技法

水景分为自然水景观和人造水景观，在景观设计表现中，以人造水景观为主，如瀑布、叠水、水帘、溢流、溪流、壁泉等。随着科学技术的发展进步，各种水景花样翻新、层出不穷，几乎达到了随心所欲创造各种晶莹剔透、绚丽多姿动态水景的程度。园林水景在当代已形成一道独特的人文景观。

水是园林四大要素之一，“无树不活，无水不灵”，树木可以使一处景观变得生机盎然，一池清水则可以使景观充满灵动的气息。水是无色的，但它是生命之源，是一个活体。水的形态各异，水体包括泉、瀑、潭、溪、涧、池、矶和汀石等内容，有湖、塘、泉池、水幕等形式。有的迂回曲折，微波荡漾；有的波光粼粼，磅礴激射；有的奔腾急流，“大风有大浪，小风有小浪”。在不同的环境中，呈现不同的景观效果。

水体在园林中与其他景观要素相比，具有明显的虚实对比，富有很强的生命力和亲和力。它在环境中往往作为连接各景观节点的一个载体、一个脉络在园林景观中相互穿插，相互连接，形成具有连续性的景观，同时起到划分和隔离空间的作用。

水景的主要画法如下所述。

一、水面

水面即水的表面，给人广阔、深远之感。水的特质是无色、透明、反光性强，有波光粼粼的动态。水的颜色是最不固定的，它受到气候、环境、光线、天色的影响而有所变化。清澈的水面，水的固有色总是带着冷调，与天空颜色近似；浑浊的黄色水质，固有色偏暖，呈黄灰色；不流动的死水或者受到污染的污浊水面，颜色灰绿、紫黑调子浓重深暗，不过水面整体着色应以天空的蓝色基调来表现。同时，波动的水面比静止的水面明度低，平静的水面由于远近不同也具有不同的明度与冷暖，这其中微妙的差别，对表现水面的平远和空间深度有重要作用。

水的倒影可以反射蓝天、白云、建筑物、植物等周围环境，在景观表现中起到突出作用。画倒影时，多用曲线或折线表示波纹，富于动感，有波纹荡漾的效果。

（一）平面图中水景的表现技法

1. 规则式水面

规则式水面在平面图上多表现为几何形外轮廓，其画法可适当借助工具，但需注意表现时不要显得过于呆板，徒手排列的平行线条表示水面会更灵活。绘图时，线条采用水纹线、波纹线、直线或曲线均可，要注意局部留白，或只在局部画线条表现水面的波纹效果。如图 4-29 所示。

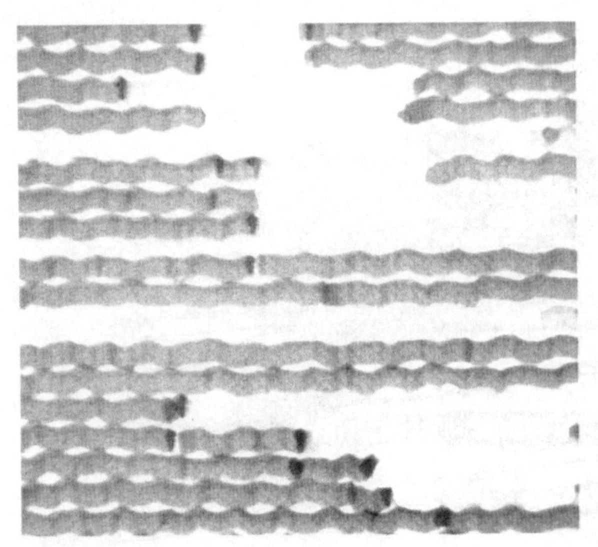

图 4-29　水面的留白画法

2. 自然式水面

自然式水面如河流、溪水、涧、水池等，平面图轮廓自然弯曲，常用粗线画水池的驳岸轮廓线，内部沿岸边用几条细线表示水面线，线与线之间宽窄不等。水面上还可用几根很流畅的线条来代表水波纹。如图 4-30 所示。

用彩色铅笔、水彩或墨水平涂表示水面，可将水面渲染成类似等深线的效果。先用淡色作等深线，然后再一层层地渲染，使离岸较远的水面颜色较深，增强透视效果和空间层次感。

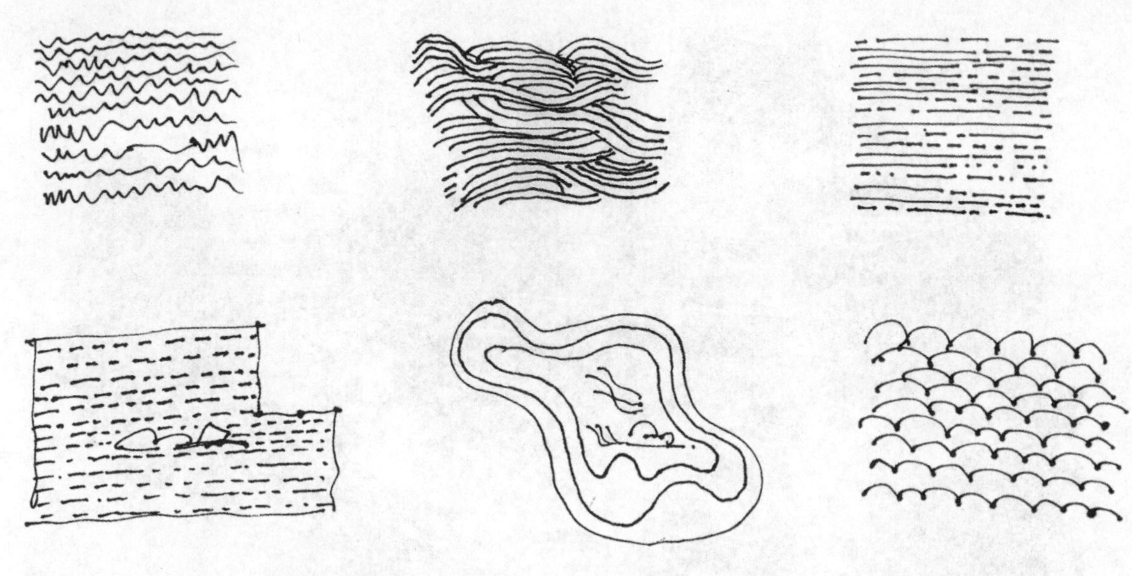

图 4-30　水面的平面图画法

（二）透视图中水景的表现技法

在表现水景时，面积较大的静水、湖水，水面大部分尽量留空白不画，使用横向的平行笔触表现水的质感，色彩要柔和协调，垂直用笔来表现水中各物体的倒影；有波浪的水根据波浪的大小，可用横向的短笔触或者点子来表现水的跃动，排色采用并列法。平静的水面常会出现一条明亮的反光，这条反光对于表现水面的平远有很大作用；被风吹动的水面常用网巾式样表现，画出平行波浪线，上下的浪谷相对，如图 4-31（a）所示。绘制倒影时，也要根据水面情况来确定倒影的绘制程度。平静的水面出现镜面反射效果，倒影的形象十分清晰；在微波的水面，倒影破碎，形体拉长；有风的天气或有激浪的水面，倒影模糊破碎，很不清晰。一般只求反映倒影效果，不必细致刻画倒影中的物体。为了表现水面的透视关系，近距离的水面用粗而疏的平行线表现，远距离的水面用逐渐变细而密的平行线表现，以加粗平行线部分表现岸边景物在水中的倒影。近水面中可用小草、小石块加以点缀使图面更为生动，如图 4-31（b）所示。大水面可用波形短线或“人”字线表现。由于日光斜射或风波云影掩映，不必把水面全部画满。特别注意两山之间的水流较急，线条要长而流畅，顺流而下不能停滞；如果水流下山即形成瀑布多支，要注意大小不宜相同，白色的亮部可以使水产生跳跃、流动的感觉。

近距离的平静水面，要用稀疏、粗重的平行线表示；远距离的平静水面用密集、稍细的平行线表现，如图 4-31（c）所示。

水的效果表现如图 4-32 所示。

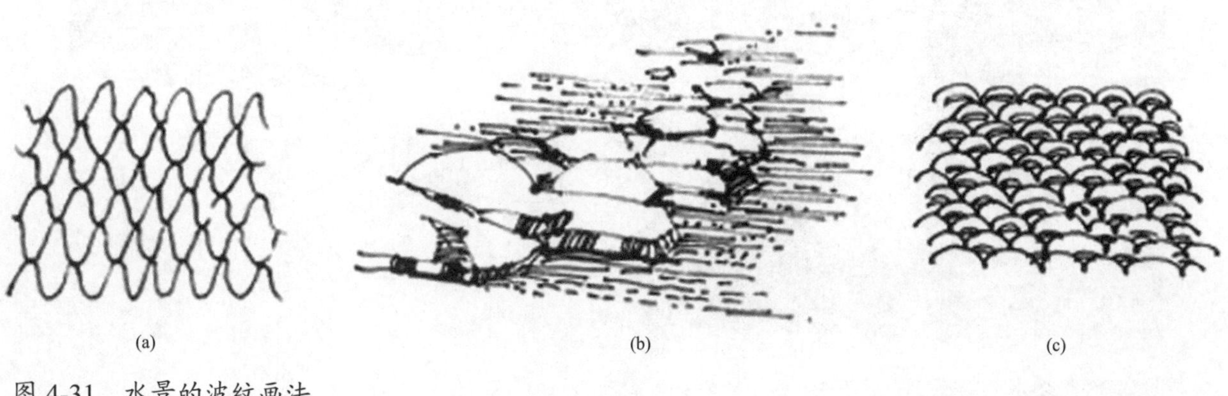

图 4-31　水景的波纹画法

图 4-32　水的效果表现（高红然）

二、跌水

跌水是指溪流或水流跌落的形式，体现自然水流的形态。表现跌水效果通常要预先留出空白，而后添加表现自然水流缝隙的颜色。用蹭笔的手法处理，水流效果会很明显；如果用少量而快速流畅的钢笔、绘图笔去表现水流的效果，用笔的速度一定要快，线条或笔触不能过密，如图 4-33 和图 4-34 所示。

图 4-33　跌水线条表现

图 4-34　跌水的着色表现

三、喷泉

喷泉是借助机械动力射向空中的一种动水，主要有两种形式：一为喷射；二为喷涌。喷泉被广泛用于城镇广场、街道路口、风景园林的构图核心。流动、活泼的水可使静止的空间变成富有生气、充满激情的环境。它具有强烈的吸引力和集聚力，也能改变局部环境的小气候。随着时代的发展，科技水平的提高，城市的喷泉设备已经十分先进，各种音乐喷泉、程控喷泉、激光喷泉已经层出不穷，变化多端。规模可大可小，射程可高可低，喷出的水，大者如珠，细者如雾。喷泉，使静水变为动水，使水也有了灵魂，又辅之以各种灯光效果，使水体具有丰富多彩的形态，它的存在成为空间中最活跃的因素。喷泉可以缓冲、软化城市中“凝固的建筑物”和硬质的地面，以增加城市环境的生机，有益于身心健康并能满足视觉艺术的需要。大型城市广场中的人工动态喷泉，也多来自自然的种种水态。喷射效果是抛物线或直冲上天空的水柱，表现时要预留空白，然后用笔将边缘稍加强调；喷涌的效果通常以高低错落分散的形式点缀水面，表现时先勾勒出大概轮廓，然后再用流畅的笔以曲线表示即可。如图 4-35 和图 4-36 所示。

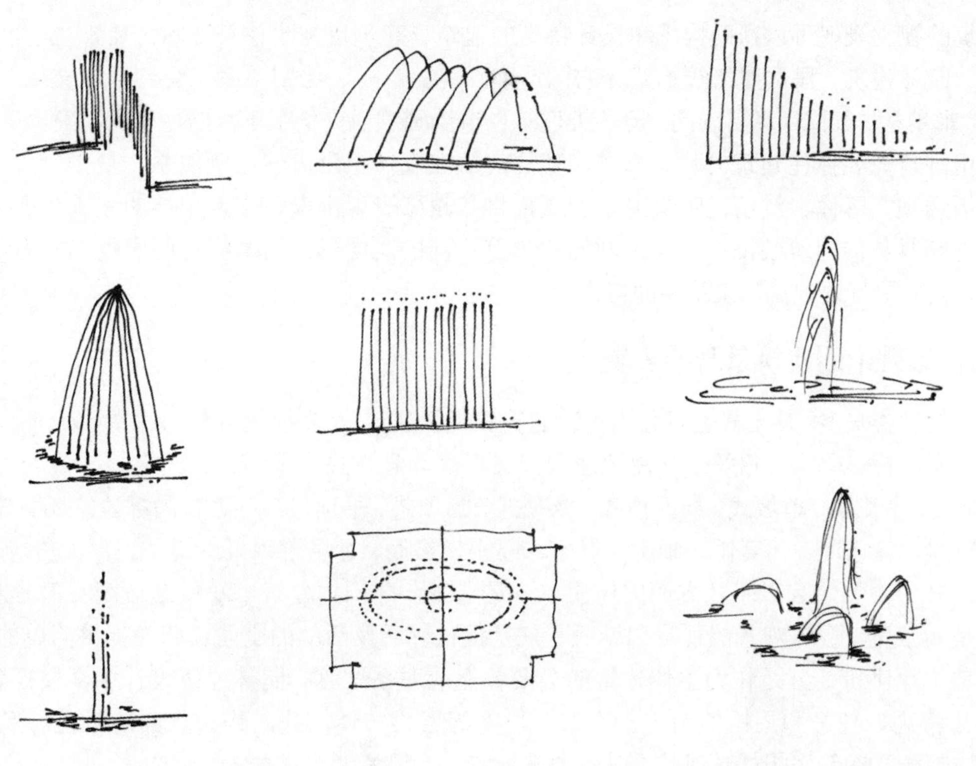

图 4-35　喷泉的线条表现

图 4-36　喷泉的着色表现

第四节　园林景观中建筑及景观小品的表现技法

景观建筑的视觉表现可以帮助构思和设计特定的建筑。建筑也是园林景观四大要素之一，种类繁多，有公共建筑、园林建筑、民居建筑等形式。它的造型功能、材质、比例关系，受到历史文化、民族信仰、自然环境、地形地貌、气候环境所制约，但各类建筑也给绘画表现提供了丰富的精神文化意义和创作联想。在建筑表现中，首先要抓住建筑的基本形态，把握建筑在表现中所占的比例关系，是作为主景还是作为衬景；然后用透视、形体、线条、明暗关系和颜色将其轮廓表现出来。作为主体的建筑，还要描绘建筑物的墙体细部和具体的建筑装饰构件。不同的建筑有不同的表现形式，掌握这些表现形式有助于对建筑本身的理解，同时更好地把握建筑景观的特点。

一、园林景观中的建筑景观的表现

园林建筑的种类很多，从形式上可分为传统建筑和现代建筑；从功能上可分为厅堂、轩、馆、楼阁、台、榭、舫、廊、亭、桥、码头、塔等；从屋顶造型上又可分为悬山式、歇山式、攒尖式、盝顶式、穹窿式、四坡式、卷棚式、重檐式、单坡式、扇面顶式、弦顶式、圆顶式、平顶式等。近代园林建筑还有馆舍、墅所、展览室、阅览室、音乐厅、体育馆、画廊、温室、喷泉、餐厅、服务部以及圆椅、卫生设施等。

建筑在园林中主要起到以下几方面的作用：一是造景，即园林建筑本身就是被观赏的景观或景观的一部分；二是为游览者提供观景的视点和场所；三是提供休憩及活动的空间；四是提供简单的使用功能，如售货、售票、摄影等；五是作为主体建筑的必要补充或联系过渡。园林建筑设计中，要把建筑作为一种景观要素来考虑，使之和周围的山水、岩石、树木等融为一体，共同构成优美的景色。风景是主体，建筑是其中一部分，在创作园林景观效果时，要把这些综合因素考虑进去。

园林建筑景观在平面图中的画法，可采用规则几何平面图的画法。带屋顶的平面图，用高空俯视法，如图 4-37 所示；不带屋顶的平面图，即用建筑 1.3 m 高处水平断面的画法。

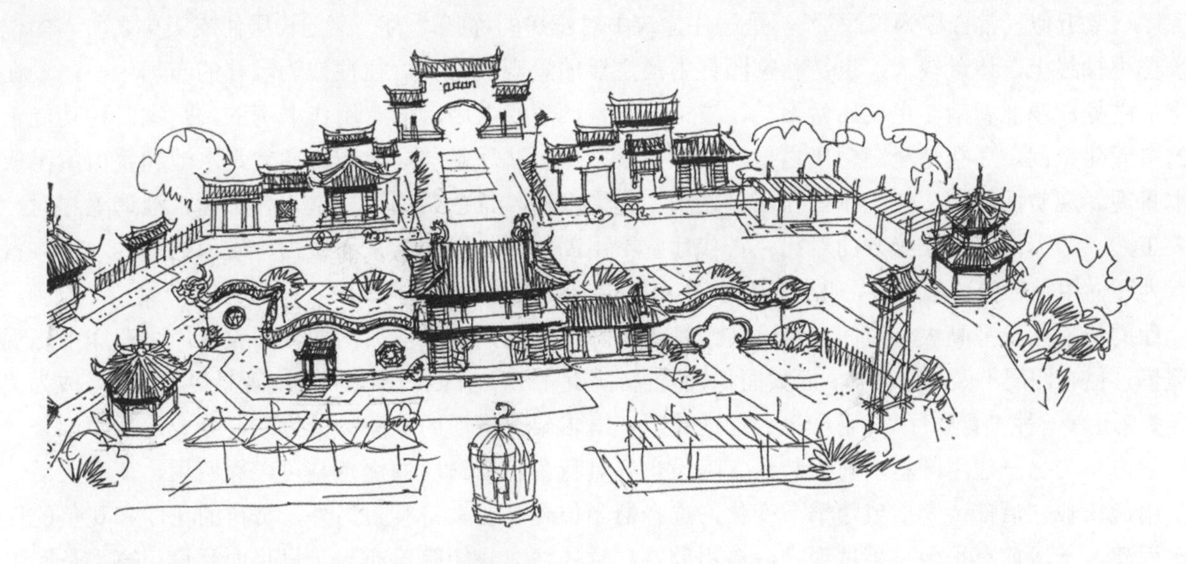

图 4-37　高空俯视法表现的园林建筑景观

园林建筑景观在立面图中的画法，可采用水平面正透视的画法，如图 4-38（a）所示；在透视图中的表现法一般采用两点透视的画法，如图 4-38（b）所示。

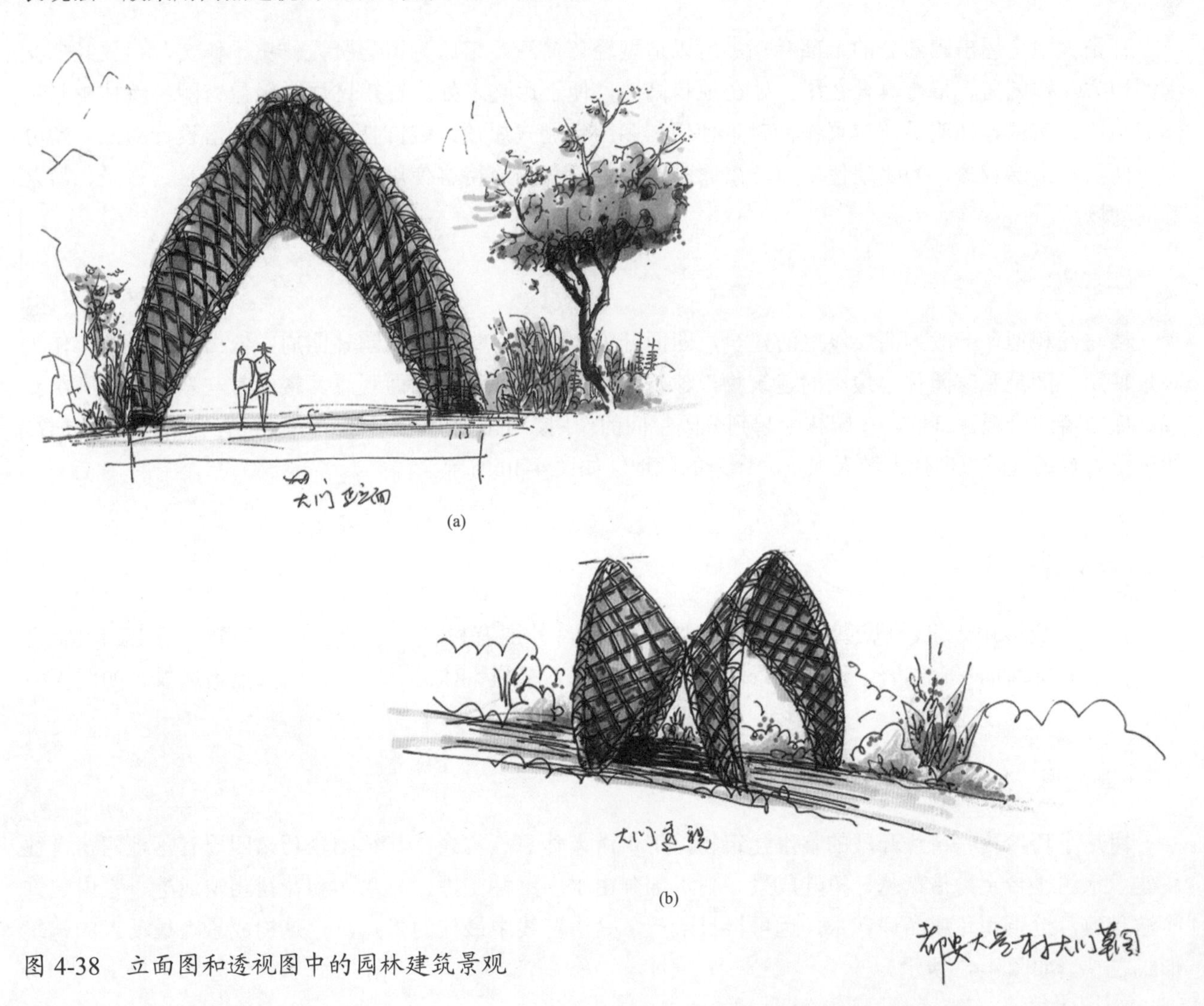

图 4-38　立面图和透视图中的园林建筑景观

（一）厅堂

厅与堂近似，常合称为“厅堂”，是居住建筑中对正房的称呼，为一家之长居住或庆典之所，多位于建筑群中轴线上，体量较大，也是私家园林中最主要的景观建筑物，往往作为园林的布局中心，设在视线交汇之处，座北朝南。主要用做聚会、宴请、赏景、观戏之用，也有用作书房的，是集多种功能于一体的多元化空间。厅堂是全园精华之地，众景会聚之所。从厅堂前向北望，通常是水池和叠山所组成的山水景观。观赏面朝南，使主景处在阳光之下，光影多变，景色明朗。厅堂与叠山隔水池遥遥相对，一边人工，一边天然，形成绝妙的对比。古代厅堂不用高屋脊，屋顶常采用歇山、硬山的形式。用方料建造者为厅，用圆料建造者为堂。此外，厅与堂在建筑形式上也略有不同。

厅的特点是造型高大、空间宽敞、装修精美、陈设富丽，一般前后两面开门设窗，可在厅中静观园中美景。也有四周不做封闭墙体，而大面积设隔窗、落地长窗，并四周围以回廊，观景更为方便，成为“四面厅”。还有一种“鸳鸯厅”，用屏风、落地花罩、博古架等将厅内空间一分为二，分成前后两部分，一边梁用方料，另一边用圆料，前后装修、陈设也各具特色。鸳鸯厅的优点是可一厅两用，使用灵活，如前部用做庆典，后部待客；或随季节变化，选择恰当位置起居、待客。另外，赏荷的花厅和观鱼的厅多临水而建，一般前有平台，可供观赏者自由欣赏。堂往往成封闭院落布局，只正面开设门窗，是园主人起居之所。

现代厅堂主要供游客聚会、游览、眺望风景用。如图 4-39 所示。

（二）轩馆

轩指大型房屋出廊部分的上部卷棚，所以造型轻巧灵活。馆原为留居贤人修史、作文、存放经书文物的地方。作园居、招待宾客之用。处在地势高爽，便于远眺之处。轩馆比厅堂轻盈秀丽，园林中常单体或组成建筑群设在明显的位置作为对景使用。多用卷棚式屋顶，装饰朴素大方，挂落设计随意。常分上下两层，上层较矮，为眺望使用。轩馆原为主人收藏书画或待客使用，现多为游客休息、赏景、游艺等活动场所。

（三）楼阁

楼与阁相似，一般为两层以上的建筑，四面开窗，设在厅堂之后或园林四周，依山傍水之处，作为对景使用。阁是私家园林中最高的建筑物，建筑比楼更通透，利于四面观景。楼阁常与亭、榭、廊组合成高低错落的景观建筑群，在园林中起到分隔空间的作用，可作为收藏书画、茶宴待客之用，形体高耸，便于游人登高远眺。现代为游人观景、休息的胜地。如图 4-40 所示。

（四）台

台在古代多用土筑，以远眺为目的，平出而高敞，外围有栏杆，建于水边、湖畔、桥上、山腰之处，往往和堂前的平台结合，以便观景，即可供游人观赏琴棋、休息、纳凉，又可点缀风景。如图 4-41 所示。

（五）榭

榭是小巧玲珑、精致开敞的临水建筑物，可供游人休息、赏景。其结构轻巧，四周有落地门窗，往往建于水边平台上，借花丛、树畔成景。临水部分由水中梁柱支撑，与水面和花树相映成趣，室内装饰简洁雅致，近可观鱼或品评花木，远可极目眺望，是游览线中最佳的景点，也是构成景点最动人的建筑形式之一。如图 4-42 所示。

图 4-39
图 4-40
图 4-41

图 4-39　宴会厅堂内景
图 4-40　园林景观中楼阁的表现(唐建)
图 4-41　园林景观中台的表现

图 4-42　园林景观中水榭的表现

（六）舫

舫是模仿船形的建筑形式，设于水边或水中，有仿制跳板造型的桥与岸相连，由于舫不能动，又称“不系舟”。舫分前舱、中舱、尾舱三段，前舱较高，中舱略低，后舱建二层楼房，为客人休息、游览、平眺、赏景使用。舫在水中，使人与水更亲近，使人有置身舟揖于水中荡漾之感。

在中国园林艺术的意境创造中，舫还具有特殊意义。在古代，船舫是江南的主要交通工具之一，但古代文人借庄子“无能者无所求，饱食而遨游，泛着不系之舟”之意，将舫作为隐逸江湖、不问政事的象征，因此，舫常寄托着园主失仕隐居的情思。舫在不同场合也有不同的含义，如苏州狮子林，本是佛寺的后花园，园内之舫含有“普度众生”之意；而颐和园内的石舫，按唐魏征之说“水可载舟，亦可覆舟”，由于石制船舫永远不会倾覆，因此暗含“江山永固”之意。

（七）廊

廊是园林中的长形建筑，指有覆盖的通道，又叫“带屋顶的道路”。一般不高大，宽 1.2 ～ 3 m，廊柱间距离 3 m 左右。廊的特点是“狭长而通畅，弯曲而空透”。狭长而通畅能促人生发某种期待与寻求的情绪，可达到“引人入胜”的目的；弯曲而空透可观赏到千变万化的景色，达到步移景异的效果。

廊是供游人遮阳、避雨、休息的场所，同时还起着连接过渡、衬托主体和宣传的作用，即方便游人赏景休息，也是良好的导游线路，用来连接景区和景点，在园林中分景、隔景等，可盘山腰、弯水际，通花渡壑，蜿蜒无尽。廊本身也具有一定的观赏价值，在园中可以独立成景。廊的柱列、横楣在游览线路中形成一系列的取景边框，增加了景深层次，增添了园林趣味，是一种既“引”且“观”的建筑。

廊在园林中应用很广，它高低起伏，可随地形而造，形状曲折且富于变化，常在起点、终点、转折点上与亭、阁、榭等相结合，特别是在古典园林中，建筑前后设廊，四周围廊，廊可使分散的单体建筑互相穿插、联系，组成造型丰富、空间层次多变的建筑群体。

廊的类型很多，按造型划分主要有直廊、曲廊、抄手廊、回廊、爬山廊、跌落廊、水廊、桥廊等。按廊的横剖面形式分为双面空廊、复廊、双层廊、单面空廊、单支柱廊等。如图 4-43 所示。

图 4-43　园林中的廊架景观表现（唐建）

（八）亭景观的表现技法

亭是富有民族特色的园林建筑类型之一，也是园林中最常见的建筑物。它是指用立柱、横梁支撑屋顶，四周无墙体，裸露立柱的小型建筑形式。亭柱的柱身部分大多开敞、通透，置身其间有良好的视野，便于眺望、观赏。柱间下部常设半墙、座凳或美人靠椅，供游人坐憩。亭柱与亭柱之间的上部常悬纤细精巧的挂落，用以装饰。通常亭的平面直径为 3 ～ 5 m。其面宽与进深的比如下：方亭为 5∶4，六角亭为 2∶3，八角亭为 5∶8。

亭的类型多样，按亭顶的形式可分为平顶、球形顶、歇山顶、攒尖顶、盝顶等；按亭檐层数可分为单檐、重檐；按所处位置可分为桥亭、路亭、井亭、廊亭、山亭、水亭、桥亭等；按亭的平面形状可分为伞亭、三角亭、方亭、五角亭、六角亭、八角亭、十字亭、梅花亭、圆亭、扇亭、蘑菇亭等。按亭的组合不同又可分为孤亭、半亭、双亭、群亭等，多种多样，小巧玲珑，造型活泼，艺术性高，可凭造园者的想象力和创造力去丰富它的造型，为园林增添美景。如图 4-44 所示。

亭的位置可灵活布置，山岭际、路边、桥头都可建亭。在园林中，亭多设在山上、水边、湖心、路旁、桥上等处，并常与廊相接。无论是在传统的古典园林，还是在现代的公园、风景游览区；无论是北方的皇家范囿，还是南方的私家园林，都可看到千姿百态、绚丽多彩的亭子，它与园中其他建筑、山水、植物相结合，装点着园景。亭在园林中常作为对景、借景、点景的作用，也是人们游览、休息、避雨、遮阳、赏景的最佳处。如图 4-45 所示。

（九）园林建筑景观表现要点

园林建筑景观在表现中需要注意以下几点。

（1）一般情况下，有建筑物的园林表现图中，建筑物都是作为视觉焦点存在的。对于建筑物形体的概括和对于细部的精细刻画，要考虑一个度的问题，做到虚实相生、重点突出。其余景观元素多作为配景，

图 4-44　园林中的亭景观表现（一）
图 4-45　园林中的亭景观表现（二）

图 4-44

图 4-45

起到点缀、烘托气氛的作用。

（2）建筑物及周围景观的透视关系需要特别注意。

（3）对于园林建筑的表现不要拘泥于对门、窗、屋顶、木结构等建筑细部的刻画，无论建筑细节多么精致，也不能忘记小效果永远服从于大效果。

（4）建筑物要表现出稳定、庄重的特质，不能显得平板、轻薄。

（5）不断分析形成建筑物主体效果的各个形的变化和组成建筑物的垂直的、平行的及斜向的直线和曲线与体面的结合，才能绘制出完美的效果。

（6）要正确表现出各类型建筑物单体或者建筑群的形体与色彩特征。

（7）我国传统建筑中（这里所述不涉及少数民族的干栏式建筑）攒尖顶、歇山顶的屋檐转角处不是一条水平线，而是微微翘起，即所谓“屋角起翘”。在效果表现中要注意对这些独特性细节的着重刻画。如图 4-46 所示。

二、园桥景观中桥的表现

园林中的桥，不仅可以沟通园路、组织游览、分隔水面空间，而且具有构成景观的作用，同时也是游人休息游览、凭眺、戏水、观鱼及观赏水生花草的好地方。桥的位置和造型的好坏与园林规划设计关系较为密切，园桥一般架在水面较窄处，桥身与岸相垂直，或与亭、廊相接。桥的造型和大小要服从园林的功能、交通和造景需要，与周围的环境协调统一。在较小的水面上设桥，造型要轻巧、简洁，尺度宜小，桥面宜接近水面。在较大的水面上架桥，可抬高局部桥面，避免水面单调，同时有利于桥下通船。

园桥的类型很多，根据材料分为石桥、木桥、钢筋混凝土桥等，根据跨数分为单跨和多跨，根据形式分为亭桥、拱桥、平桥、曲桥、汀步等。

（一）亭桥

亭桥是架在水上的桥，桥上立亭，故名“亭桥”，设在河流、湖泊或两湖面相接的水面上，具有建筑的意境之美，形式通透，利于四周观景，可供游人游憩、观景、避雨等。与我国西南地区苗寨和侗寨传统建筑中的风雨桥相似。如图 4-47 所示。

（二）拱桥

拱桥横卧在平静的水面之上，有直曲、动静相对比的效果，柔和变幻的弧形线条取代平直体形，桥孔为单数。拱桥不仅可建在水面之上，还可在浮谷之上依势而就，或凌空构于危崖峭壁之上，具有园路和园林建筑的双重特征。设计中需注意，水面较小的地方不宜使用大型拱桥，应选择合宜的比例和尺度。如图 4-48 和图 4-49 所示。

（三）平桥

1. 板式平桥

板式平桥位于水面狭窄处。桥身临近水面，低枝拂水，雕栏空透、古朴，具有水气弥漫之意。表现时宜用横线条处理造型。如图 4-50 和图 4-51 所示。

2. 石平桥

石平桥桥面贴近水面，便于观赏游鳞莲蕖，与桥头花草、翠竹、叠石交相掩映，园景深邃，桥身曲折迂回。

（四）曲尺桥

曲尺桥富于曲折变化、重叠层进，远观具有飘浮水面的景观效果。水面较浅处一般不设栏杆。如图 4-52 所示。

图 4-46

图 4-47

图 4-48

图 4-46　八角亭的表现

图 4-47　亭桥的表现方法（唐建）

图 4-48　拱桥的线条表现

图 4-49

图 4-50

图 4-51

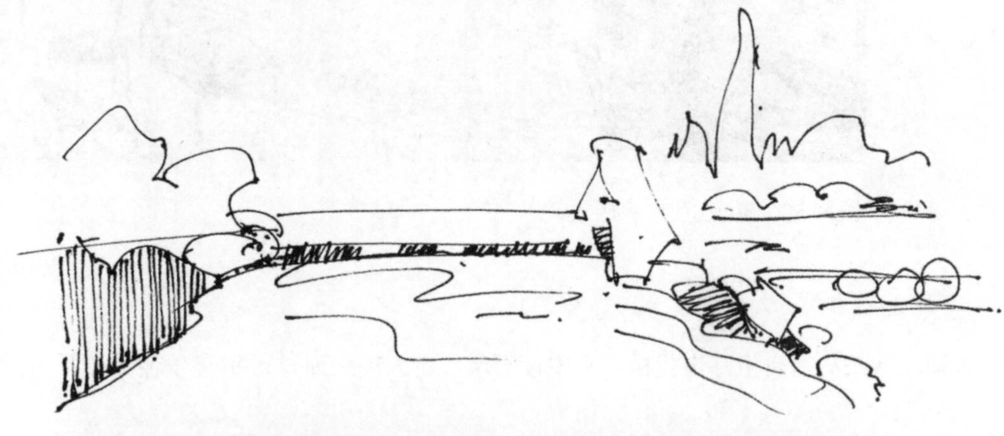

图 4-49　拱桥的着色表现
图 4-50　板式平桥线条表现
图 4-51　板式平桥的着色表现

图 4-52　曲尺桥的着色表现

（五）汀步

池水浅窄处，可用汀步代桥。水中设石墩，游人凌水而过，别有乐趣。如图 4-53 所示。

图 4-53　汀步的表现方法（高红然）

三、园林景观建筑细部表现

园林景观建筑细部如园墙、景门、景窗等也是园林建筑景观的一部分，作为建筑细部，处理方法各有特色。

（一）园墙

园墙亦称景墙，是园林中的围护建筑物，常设在园林外缘，作为边界分隔园林空间。为了形成造型特色，可拼砌出不同的园墙立面。利用光线投射产生出明暗、虚实、光影等生动变化的效果。园墙具有组织导游、造景的作用，其布局能盘山、过水，可高低错落，互相穿插，与景门结合，可以分隔园林空间，形成园中园；与山石、修竹、灯具、雕塑、花架结合则可形成独特的景观。如图 4-54 和图 4-55 所示。

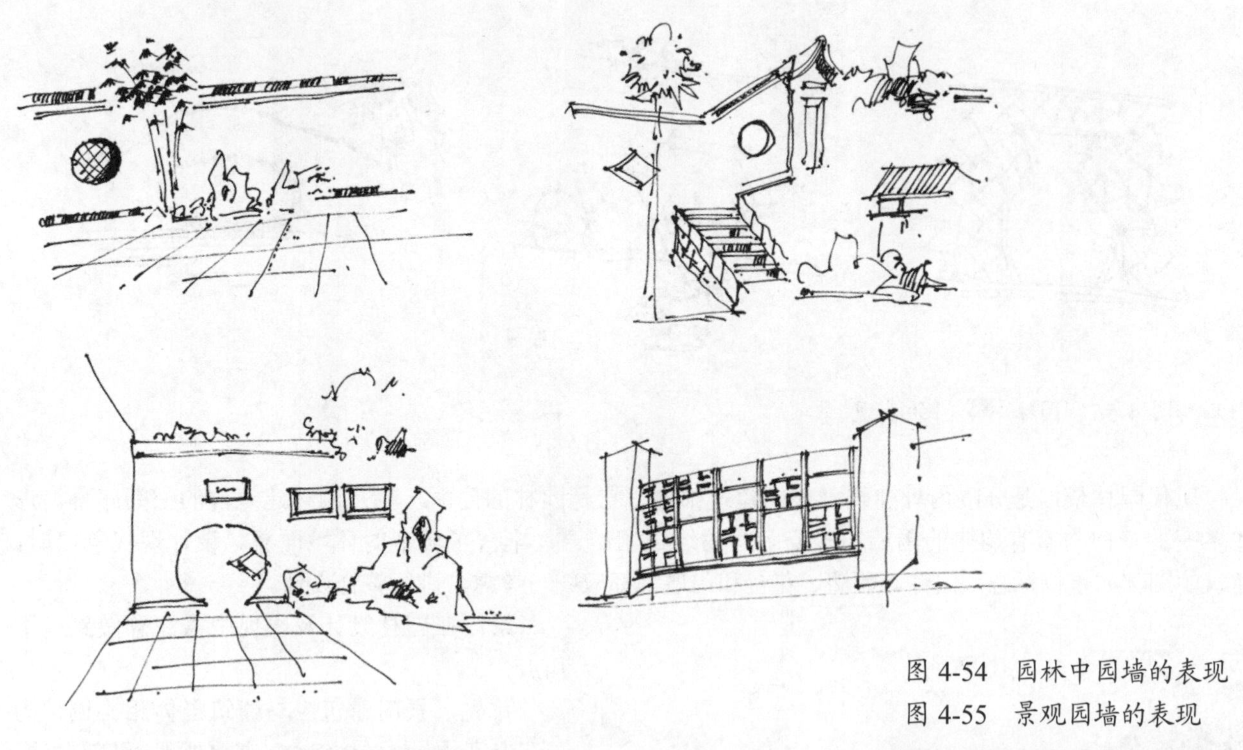

图 4-54　园林中园墙的表现

图 4-55　景观园墙的表现

图 4-54

图 4-55

（二）景门

景门在园林中可以分隔空间、组织导游、增加景深层次、形成空间渗透，并能起到框景、对景的作用，突出园林主题，引人入胜。景门分为对称形和不对称形两大类，对称形多为几何图形，如多角形、长方形、圆形、方形等；不对称形则多为有吉祥寓意的特殊形状，如弯月形、贝叶形、桃形、葫芦形、瓶形等。如图 4-56 所示。

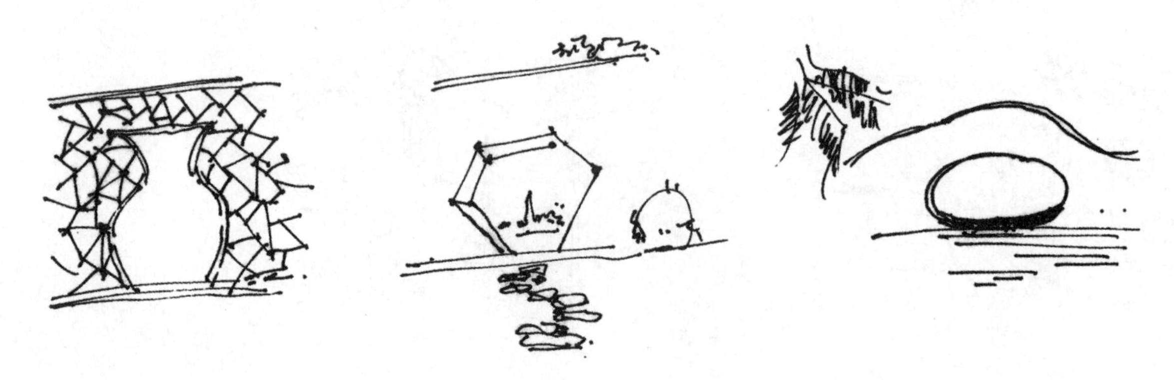

图 4-56 园林中景门的表现

现代园林景门是分隔内外建筑群体的建筑部件。它是园林的门面，也是园林建筑群的空间序幕。形体多变的景门与富有韵律的围墙和多姿多彩的绿化相结合，丰富了城市的环境面貌。设计现代景门时，建筑的细部如单位标志、门灯、雕塑、花台和门墩等都应统一考虑，进行整合设计。

图 4-57 园林景门着色表现

景门在园林设计及表现中需注意做到以下几点。

首先，景门建筑应与建筑群体相协调，力求在空间体量、形体组合、立面处理、细部做法、材料、质感以及色彩等方面与周围建筑群组成统一的整体。景门的形象是由出入口、警卫传达、围墙三部分组成，三者应相互配合，与景门周围环境融为一体，因势利导，创造既对比又协调的景观环境。如图 4-57 所示。

其次，景门不是独立存在的建筑，而是建筑群形象的代表。景门有自身特殊的功能特点，即带有明显的从属性。景门的性格应以体现园林的功能为基础，以形式与内容的统一为原则。纪念性大门应该体形端正、轮廓简单，尺度较大、材料坚实、彩色深重，使人感到庄重、严肃，有稳重、永恒之感；儿童公园大门则要尺度较小，色彩明快，使儿童易产生亲切、明快感；现代公园的形式应舒展、宽阔，并体现现代新技术与新材料的先进性，给人以开朗、明快的视觉感受。如图 4-58 和图 4-59 所示。

最后，景门建筑可根据自身形态的不同组织相应的对景，使建筑形体与自然景观紧密结合，相互呼应。

图 4-58

图 4-59

图 4-58　园林中现代景门的表现

图 4-59　园林中纪念性大门的表现

（三）景窗

景窗作为景墙的细部构件，有空窗、花格漏富、博古窗、玻璃花窗等造型，以花格漏窗最为常见，造型多样，取材广泛，题材多有吉祥寓意。在园林中起到框景、隔景、引景等作用，并在景墙中形成虚实对比，每隔一定距离设置一扇景窗，可产生强烈的节奏感和韵律感。如图 4-60 所示。

四、园林景观小品的表现技法

景观小品是景观设计中的亮点，体量虽小，却遍布在环境中，既有使用功能，又兼具装饰效果。园林景观小品的类型很多，包括景观灯、园凳椅、栏杆、雕塑、音箱装置、宣传栏、垃圾箱等，作为环境景观的主要元素，反映的是时代特征和空间环境质量，为人们提供了一个休息、休憩的平台，同时也为公共环境增添了几分文化气氛。进行方案创作时，要与周边构筑物或其他景观物体相互参照，保证比例准确；在色彩和形状上也可适当夸张处理，趣味性会更浓厚。如图 4-61 所示。

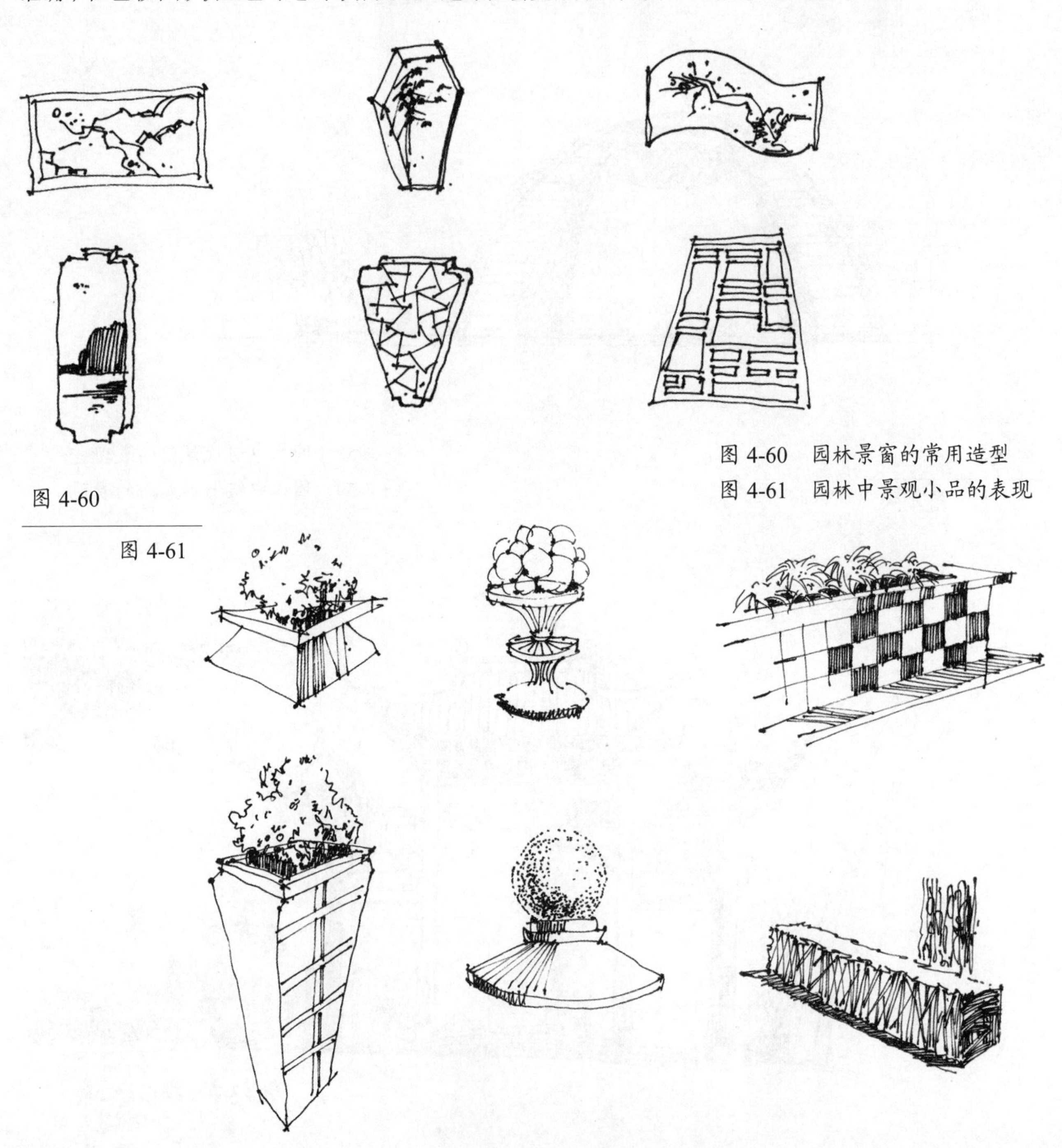
图 4-60

图 4-61

图 4-60　园林景窗的常用造型

图 4-61　园林中景观小品的表现

（一）园林景观中的园灯

园灯是在园林空间中，既可用来照明，又可用于装饰、美化园林环境的灯具总称。园灯设计应兼顾实用和装饰两大功能，注意造型美观，装饰得体。

园灯的造型丰富多彩，有模拟自然形象的，也有几何形状的。模拟自然形象的园灯使人感到活泼亲切；纯几何形状的园灯给人庄严、严谨的感觉。一个造型好的园灯景观能引起人们的联想，能表达一定的思想感情。如石灯笼、石钵等，深具古朴之意。具体而言，园灯灯头分为单灯、双灯、三灯和多灯，形状有圆球形、腰鼓形、贝壳形、玉兰花形、橄榄形等，用多火路的园灯还可组合成各种花朵、焰火、五角等形状。如图 4-62 所示。

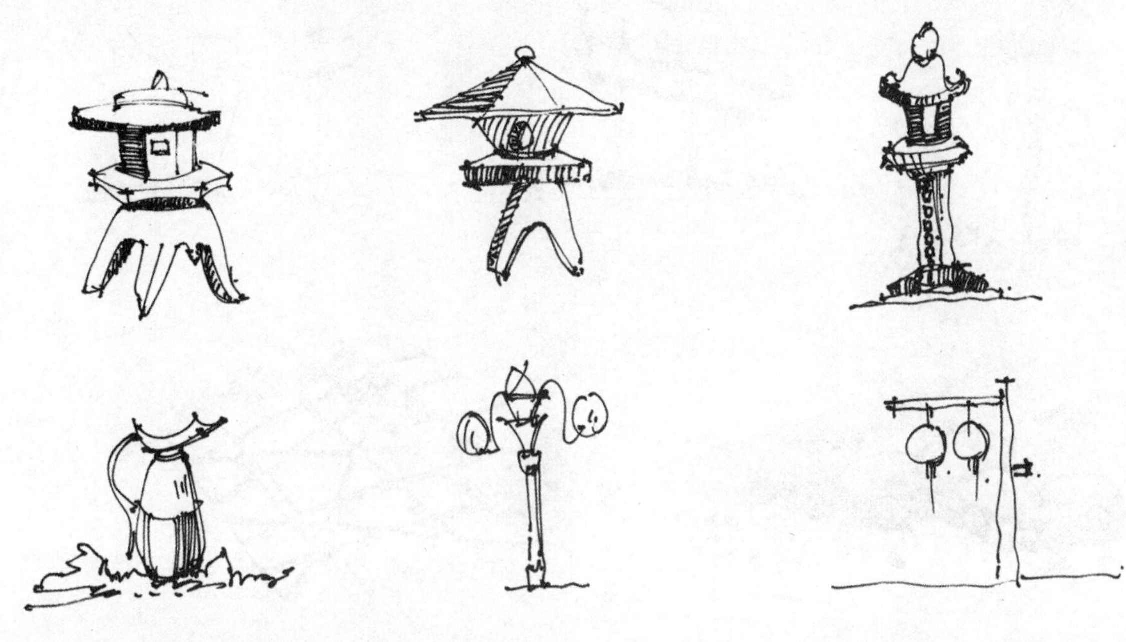

图 4-62　园林小品中的灯具表现

园林空间要求照明灯具高 4 m，庭园灯高 3 m 左右，配景灯高度较随意，在 1 ～ 2 m 之间即可。园灯的造型、布局、色彩应与园林主题结合，与所处的环境协调统一，富有诗意，易产生联想。在人流量较大的场所，需形成热烈的气氛，要求照明强度高，造型力求简洁大方，宜用多灯头。在安静的休息环境里，照度不宜过强，但造型要优美细腻，艺术性高。

设计中应注意发挥园灯色彩和光照的特性，以达到预想的设计效果。园灯的色彩能给人以精神上的影响，各种色彩配合不同的照度，可以形成热烈或沉静、发扬或收敛、庄严富丽或轻快明朗，甚至阴森沉闷等不同的气氛。

（二）园林景观中的雕塑

雕塑景观已成为美化城市的重要手段。在街道、广场、公园、居住区小游园等景观环境中，往往布置大小不等、题材各异的雕塑作品，形式有圆雕、浮雕、高浮雕等，选材上有纪念性题材及生活题材的雕塑，包括人物形象、民族图腾、动物、神话及童话等内容，它代表了所在空间的语言。这些雕塑立意新颖、造型生动，不仅丰富了环境内容，同时也反映了时代精神，增添了环境的艺术魅力。如图 4-63 所示。

（三）园林景观中的园凳、座椅和花池

园凳、座椅、花池、树池是园林绿化中使用最多的景观小品，也是各种园林或街头绿地中必备的设施。其造型美观精巧、丰富多样，有的模拟树桩、圆木，以求得与自然的和谐；有的做成曲线、半圆等形状，

以求其形式的新颖；还有的与矮墙、铺地或草坪组合形成整体，起到点缀园林景色的作用，还可衬托园林气氛，加深园林意境，给人自然亲切之感。如图 4-64 和图 4-65 所示。

园凳、座椅在设计中常与绿墙、花坛、栏杆、假山等结合起来进行综合设计。布设位置时应考虑置于湖边、池畔、花间林下、广场四周、园路两侧、路的尽头、花坛旁、山腰台地等游人最需要坐憩、赏景而又环境优美之处，供游人就座休息、促膝谈心和观赏风景。造型要与环境协调一致，材料也根据背景环境的风格而有所变化，常用材料有木材、石材、钢材、混凝土等，在表现中要注意刻画材质的特点及与周围环境的协调融合。如图 4-66 ～图 4-68 所示。

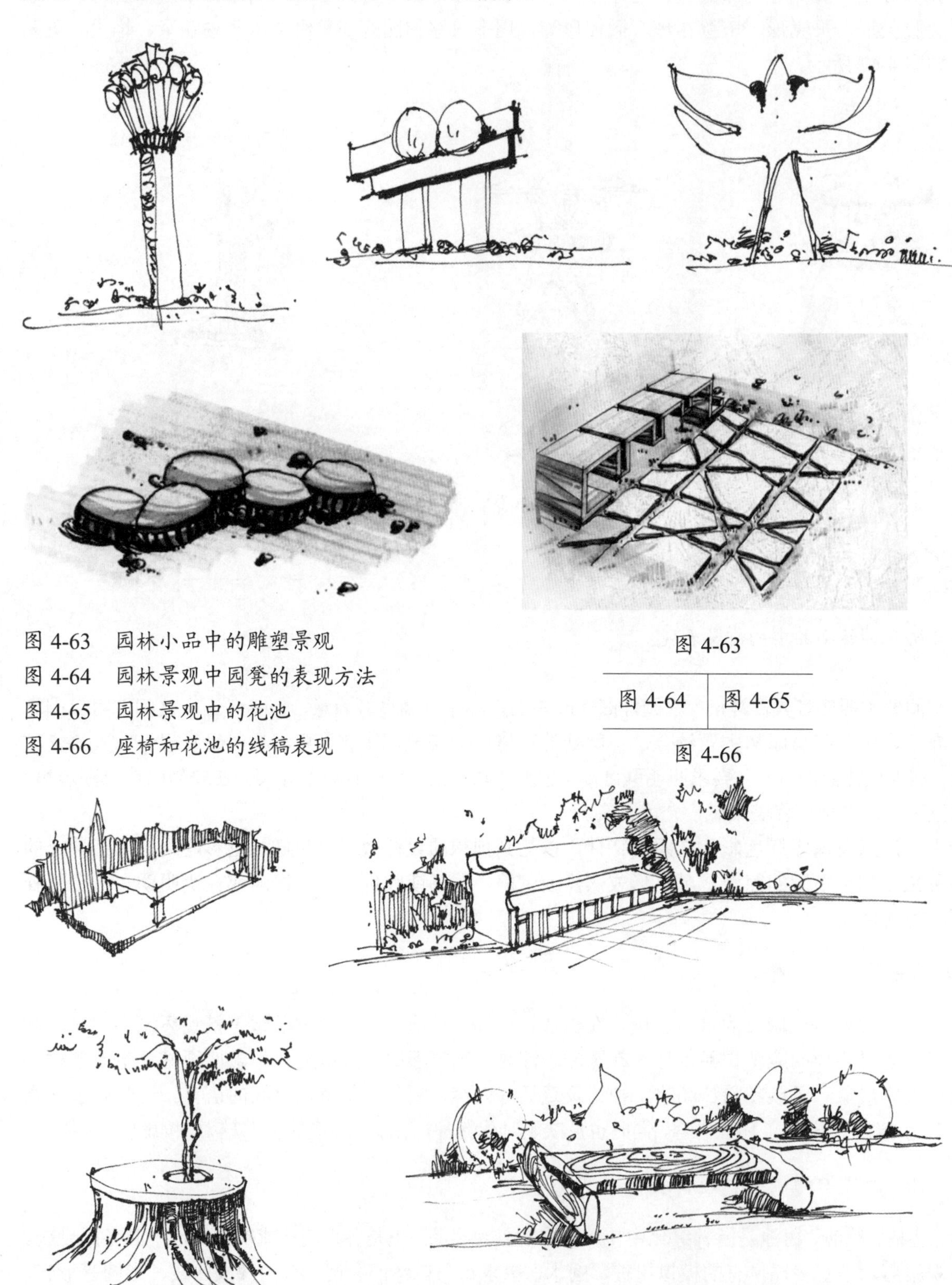

图 4-63　园林小品中的雕塑景观
图 4-64　园林景观中园凳的表现方法
图 4-65　园林景观中的花池
图 4-66　座椅和花池的线稿表现

图 4-63

图 4-64	图 4-65

图 4-66

图 4-67

图 4-68

图 4-67　园林景观中的花池表现

图 4-68　园林景观中的树池表现（高红然）

（四）园林景观中的栏杆、宣传栏、音箱、垃圾桶

1. 栏杆

栏杆为园林建筑物的附属部分。园林中的栏杆具有围护、衬托环境、分隔空间、组织人流、划分和美化活动空间等作用，要求造型美观，以点缀和丰富园景。如图 4-69 所示。

栏杆常用的材料有石料、钢筋混凝土、铁、砖、木材等。钢筋混凝土栏杆一般采用 C30 砼预制成各种装饰图案，运到现场拼接安装，其施工制作比较简便、经济，但需注意加工质量。如果经碰撞损坏而露出钢筋，反而会有损环境美观。铁制的栏杆轻巧空透、布置灵活，但在加工及使用中应注意防蚀、防锈。

（1）石望柱校址杆。栏杆体量沉重、构件粗壮，具有稳重、端庄的气氛；表现时应以硬朗、粗重的线条表示。

（2）扶手栏杆。栏杆高为 90 cm 左右。简洁轻巧的栏杆，可以构成轻快、明朗的气氛；围护性栏杆的造型、线条应粗壮。

（3）靠背栏杆。栏杆依附建筑物，主要供坐憩，靠背高 90 cm，坐凳高 45 cm，造型应与建筑物协调。

（4）坐凳栏杆。供游人坐憩用，高 40 ～ 45 cm，体量较重。

（5）镶边栏杆。为花坛、树丛、道路绿化带镶边，高 20 ～ 60 cm，造型纤细、轻巧。

2. 宣传栏

宣传栏多布置在人流量大的地段，造型要新颖活泼、简洁大方，色调明朗、醒目，并与园林环境统一。它不仅有宣传教育的作用，而且还起着装饰美化环境的作用。

图 4-69　园林景观中的栏杆表现

3. 音箱的表现

在景观设计中，音箱往往隐藏在假山、雕塑的结构中，与其融为一体。外包材料为音箱遮风防雨，起到保护作用，保障了音箱的功能和使用寿命。

（五）绘制园林景观小品的表现步骤

（1）观察分析园林景观小品的形态特点和透视关系、空间关系，选择表现的角度及绘画的范围。
（2）根据构图原则，对选择的景物进行取舍以及前后、主次的安排。
（3）对景物环境进行色调明暗的整体处理。
（4）对主体物进行深入刻画。
（5）对画面的意境进行整体调整，加深或减淡对比关系。

第五节　园林景观中铺装的表现技法

铺装包括铺砖、鹅卵石、木板、玻璃片等形式，属于园林景观的配景之一，在园路中较为常用，本节主要针对园路铺装的表现进行分析。

为了使游人在园中行走方便，在园林及广场中都设有不同宽度的园路，它不仅联系着园内外交通，也是园内景观的一部分。另外，由于园林地形有高有低，常在坡上设置台阶以方便游人上下，台面宽度为 30 ～ 50 cm，高度为 10 ～ 15 cm，形式多样。设计中可通过一定宽度园路的平面布置、路面高低起伏、铺地材质、色彩的变化及路面和路两侧的绿化配置来体现园林艺术水平，同时它也是水、电工程的基础。如图 4-70 所示。

园路按宽度有主干道（宽 4 ～ 6 m）、次干道（宽 2 ～ 4 m）、游步道（宽 1.2 ～ 2 m）及桥、汀步等类型；按路面的铺装材料不同，又可分为整体路面、块状路面、简易路面、卵石路面、水泥路面、虎皮石路面、水泥板路面、石板路面、预制梅花块嵌草路面等。如图 4-71 所示。

在园路铺装表现中，主要采用概括的手法，突出铺装特征。手绘时要遵守近大远小、近疏远密的透视原则，不管什么材料的铺装，都要注意收边，表现不必过于真实，特别是近景部分要大胆省略。

图 4-70　园林中铺地的表现

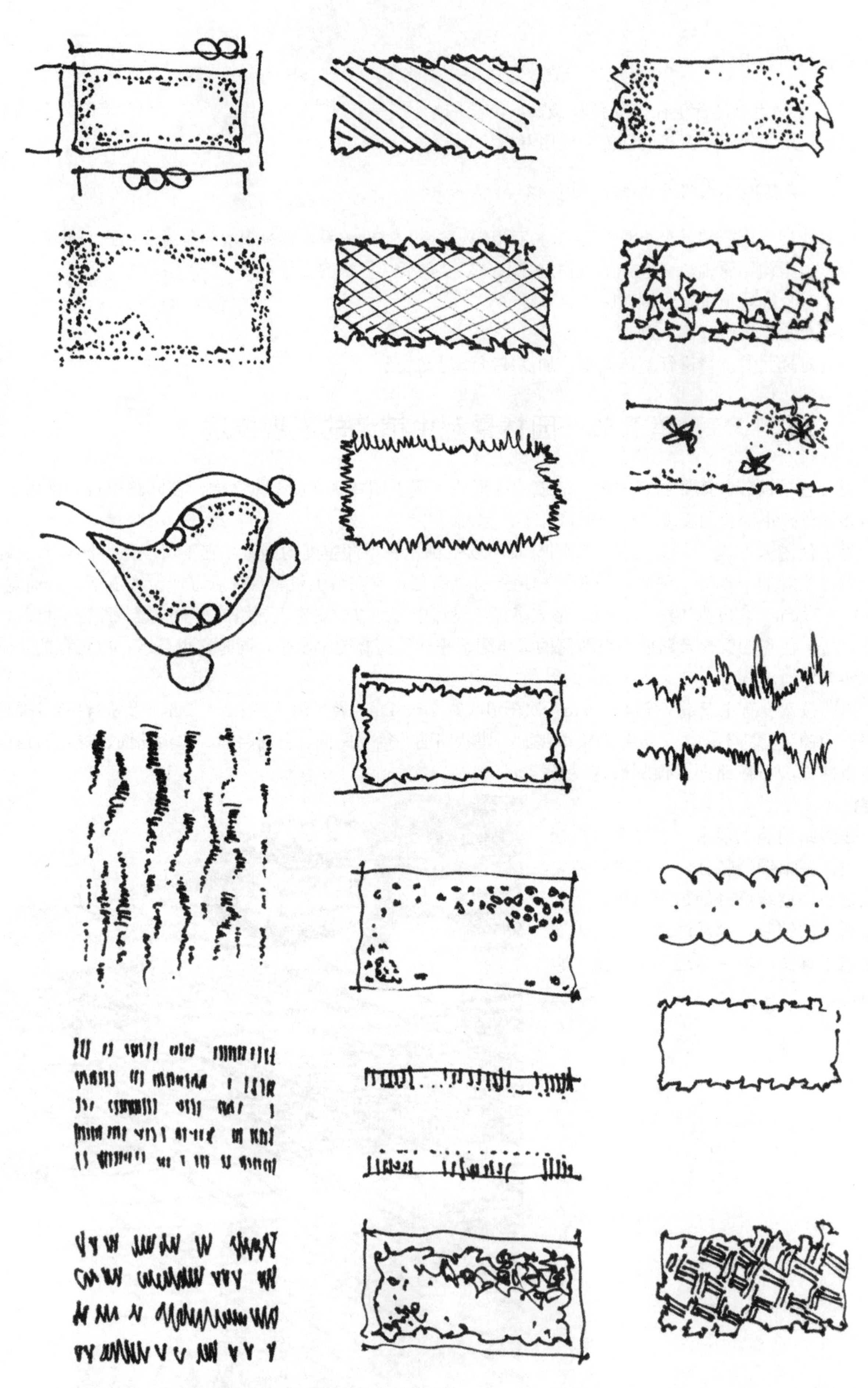

图 4-71　园林中铺装的平面图画法

第六节 园林景观中材质的表现技法

在园林景观效果图中，材质直接影响物体表现的生动性，决定表现的整体效果，在平时训练时不可轻视。表现中常用的材质有木材、石材、砖瓦、金属、玻璃等，训练时可先对照照片进行临摹，有助于对自然界或实际生活中物体材质进行把握。绘制时首先要注意由大到小、由浅入深上色。先用彩色铅笔把基调铺上一遍，确定基色后，再用马克笔绘制，这样处理起来会比较容易，轻松得多；由大物体到小物体进行绘制，可以有效地控制整体色调。其次要注意把握好基色的渐变、颜色深浅和明暗关系变化。深的地方要大胆深下去，亮的地方要亮起来或留白。基色调整完毕后，用绘图笔或钢笔对物体细节进行刻画绘制，达到自然逼真的效果。下面具体介绍几类常用材质的表现方法。

一、石材类

石材类中大理石颜色高雅、纹理优雅；花岗岩质地坚硬、晶莹剔透，由于光洁度极好，有强烈的反光，能显现建筑及室内的宏伟与高贵，因此在公共空间环境中被普遍使用。

石材的画法是先铺底色，然后按其固有色分出不同深浅或冷暖的变化，薄薄地铺上。画前要做到心中有数，一气呵成。尽可能少用或不用白色，可采用水彩画法着重表现其光感，高光处最好留出空白，然后按照石材纹理的颜色，画出它的肌理、纹路，最好在颜色尚未干透时画出纹理，与底色稍有融合，自然真实。特别要注意的是，石材纹理要按照透视的原则，近大远小，要有空间的深度感，近处的纹理大而清楚，远处的纹理小而模糊或省略。最后用深于或浅于底色的线画出石缝。如图 4-72 所示。

图 4-72　石材的表现方法

二、木材类

木质材料在景观设计中是一种不可缺少的材料，因为它纹理细腻，色泽美观，结合油漆能产生深浅以及光泽不同的色彩效果，尤其是与人贴近有温暖可亲之感，且非常便于加工。

木材画法是先铺底色，后画木纹。木材的颜色要饱满，尤其是大面积木材的绘制，颜色可一次上足。铺底子时要把明暗光影、冷暖变化稍加渲染，然后用依文笔勾划纹理，用比底子稍深的颜色画出，讲究纹理流畅、轻松活泼、疏密相间、富于变化。绘制时要根据不同木材的纹理采用不同的工具，如指纹木可使用水粉笔，使笔尖分岔并使用界尺画出木纹。用笔很关键，要使用笔尖，利用笔尖分岔画出它的自然纹理，毛笔含水要适中；另一种画法是不铺底子，用水粉笔调好颜色直接画出，笔序排列画出，也可以边缘重叠，由于颜色是湿接合的，因此重叠处颜色深，木纹的深浅变化非常自然，表现出的效果很逼真。最后可使用喷笔加强局部眩光，增强光洁度及质感效果。如图 4-73 所示。

三、金属类

现代建筑及景观设计中也多使用金属材料。对于不锈钢材料来说，有发纹不锈钢和镜面不锈钢之分。发纹不锈钢的光感比较柔和均匀，而镜面不锈钢由于光感表现灵敏，几乎全部反映周围映像，因此，光感强烈，明暗对比反差大，局部阴影的颜色很重，反光很亮。但在表现中要抓整体、抓主要的东西，可概括地表现明暗及颜色（蓝灰色）。可采用退晕的方法表现闪烁变幻的光感，应趁湿接色，效果自然。可使用界尺，拉出笔直挺拔的色面和色线，以更好地表现金属质感，背光面的反光要明显，高光部位要留出空白，面与面的转折处要用白线与暗线来强调，这对于质感的表现将起着画龙点睛的作用。

四、玻璃类

透明玻璃的画法是概括地画出透过玻璃的影像，表现不必太具体，以湿画法为主。颜色中忌加白粉色，以保证色彩的透明感，待干后局部一角罩一层较淡的蓝绿色，用笔要轻，避免破坏底色，再用水粉笔笔尖蘸一点白粉画出几道高光，稍有虚实变化。要求使用界尺，运笔速度快，干脆利落，不可重笔，表现出玻璃坚脆的质感。玻璃窗外的景物不具体刻画，可稍作退晕变化，避免喧宾夺主，影响室内整体效果。如图 4-74 和图 4-75 所示。

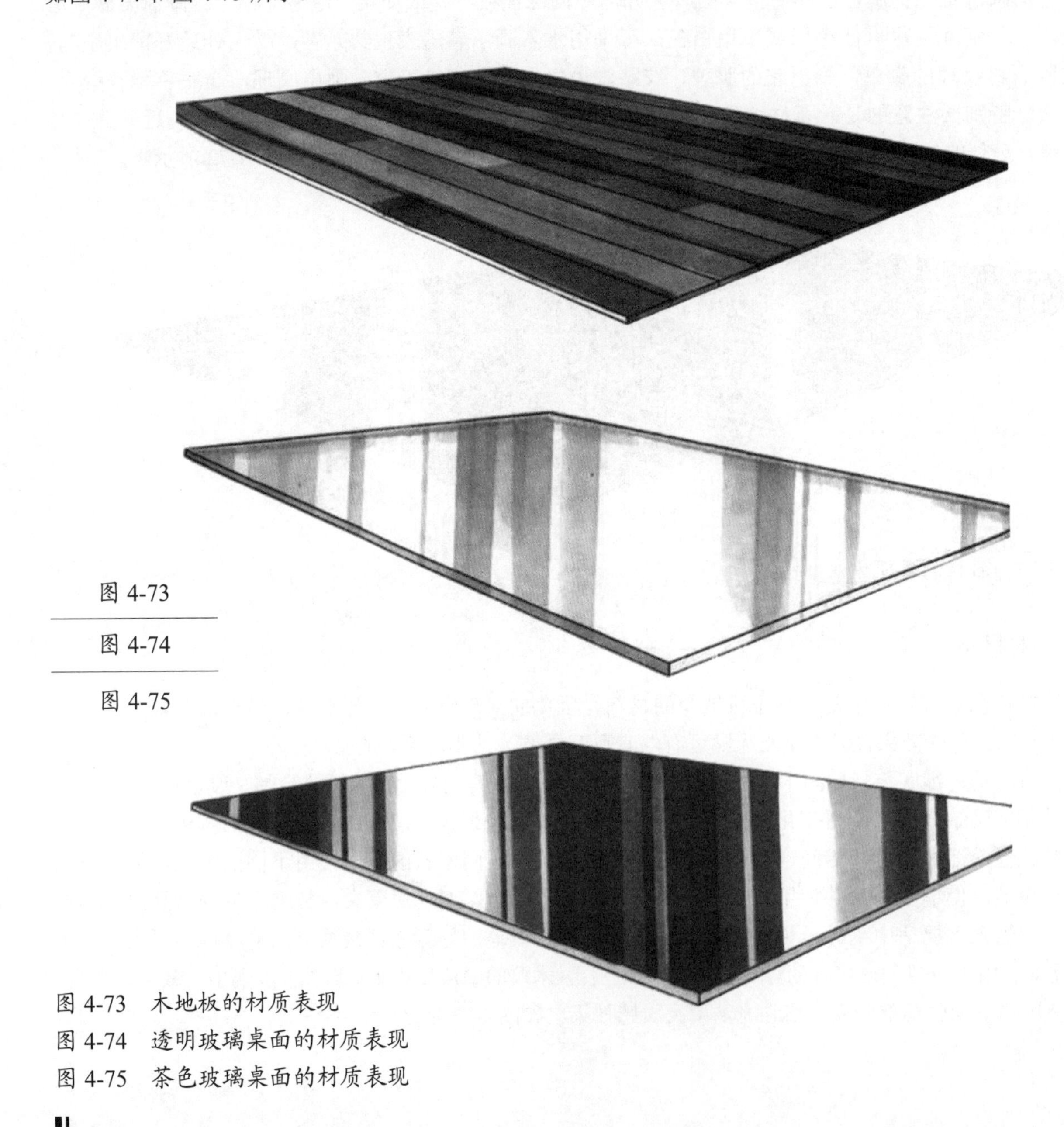

图 4-73
图 4-74
图 4-75

图 4-73　木地板的材质表现
图 4-74　透明玻璃桌面的材质表现
图 4-75　茶色玻璃桌面的材质表现

五、织物类

（一）地毯

地毯大多质地轻，有一定厚度，具有吸光的特性，在受光后没有大的明暗变化，家具及陈设的投影也没有太强的对比，表现可自然些。但有时为了画面的需要，会有意强调地毯的局部光亮。地毯图案的描绘不宜太细，要概括地表现，即使很复杂的图案，也不应太具体，但图案的透明度不能忽视，否则会造成空间的不稳定感，影响整幅画的效果。对于边缘绒毛的刻画，可用短而颤的笔触进行点画。如图 4-76 所示。

图 4-76　地毯的材质表现

（二）窗帘与纱帘

窗帘在室内占有相当重要的位置，对居室的风格、色调的把握起着举足轻重的作用，其画法是先铺底子（固有色），根据其受光及反光的情况可分出上下或左右的明度及冷暖变化进行渲染，干后用白云笔或较粗的色线笔蘸比底子重的颜色画出皱褶，垂线可使用界尺，粗细间隔要有变化，毛笔里含墨要饱满，最后点出阴影及高光部位。

白纱帘的画法是先描绘出简单的窗外景观，干后轻轻地用白色薄薄罩上一层，然后用叶筋笔画出白色皱褶。表现方法有两种，一种是用挺拔的细线画出窗帘的褶皱变化；另一种是用钝头毛笔蘸白色画出较粗的线，表示重叠的纱帘，白线越宽表示不重叠的面越大。

第七节　园林景观中人物的表现技法

在室内外景观效果图表现中，人物通常作为点缀出现在画面中，起到活跃画面、调整气氛、增强动感的作用，最重要的是人物还可作为衡量空间尺度的标准，人物的大小、高低能够很好地体现尺度、进深和空间关系。

在快速手绘表现中，人物的表现方法与速写不同，大都比较概括，只注重对于外形体态和动势的表现，不必画得过多过细。下面介绍两种比较典型的人物表现形式。

第一种形式线条硬朗。这种表现方式是人物体型偏修长，用笔迅速，线条硬度效果明显。使用这种形式进行快速表现时，画面整体用笔效果也统一采用类似线条形式。

第二种形式线条概括。不突出体态特征，身体部分有点像口袋。这种形式在快速表现中比较实用，旨在配合环境气氛的表达，而不强调真实性的刻画。

以上两种人物的表现方式都不适合被放在画面构图中过近的部位。在比较正式、细致的手绘表现中，人物配景就需要采取略微写实的画法。这种写实表现并非十分真实、精细，它也带有一定的概括成分。绘制时需注意以下几点。

（1）比例。注意人体的大致比例，男士为七个半头长，女士为六个半头长。

（2）着装。在手绘表现中，通常男士身着西装、夹克，女士穿裙子，这样画面效果比较生动。

（3）动态。在画面中要强调站、行、坐几种基本动态的差异，更需要体现正面、侧面及半侧面的不同形式，这样才显得生动自然，对于特殊姿态如跳舞、游泳或其他形式等，可根据需要添加，一些偶然动作及过于夸张的姿态最好舍弃。

配景人物的写实表现需要一定的美术基础，特别是速写功底。对于没学过绘画的手绘学习者来说，平时可积攒多种服饰、动态及组合形式的人物照片并描绘下来，作为手绘表现时的应用素材。这是一种非常现实而有效的方法，并不违背手绘的原则，同时这个收集、描画的积累过程，也可说是一个很好的锻炼过程。

人物的表现形式只是一个方面，更重要的还是人物在画面中的摆放。要根据不同的景深关系配置人物，使用不同大小尺寸的人物形象，可以有效地体现空间进深和远近层次。需要特别注意的是，如果画面采取正常视高，则画面中所有站立与行走的人物头部基本位于同一水平线，这是一个概括性的准则，身高的自然差异可以忽略不计。在实际表现中，人物分布的疏密关系也很重要，应注重安排、调整人物间空隙，形成有紧有松的自然效果，不要过于均衡有序。人物的组合搭配通常以两人为一组，与适量的单人进行搭配，生动自然。过多的单人表现会使画面零散生硬，三人以上组合又显得过于密集，对画面内容遮挡比较严重，不利于画面层次关系的体现。画面中配景人物的数量、年龄和衣着还要根据所表现的主题内容进行合理配置。值得注意的是人物配景尽量摆放在画面上不很重要、比较空洞的位置，不要遮挡环境景物的主体。如图 4-77 所示。

图 4-77　人物的表现方法

第八节　园林景观中交通工具的表现

一、汽车

（一）汽车配景的功能

汽车作为室外表现的重要配景之一，与人物有着同样重要的功能，能映衬空间比例，增加构图的趣味性，填补空白，增强效果图的表现力。汽车要与场地功能相吻合，高档时尚的汽车可使繁华的街道增色，这一点与人物的配景功能相同。

汽车的表现主要根据光影变化而变化，它们的颜色能很好地调节画面整体色调，起到点缀和互补的作用。如画面颜色需要对比补充时，可在绿色环境中点缀红色汽车，在海边点缀黄色汽车。如图4-78所示。

图4-78　汽车的表现方法

（二）绘制汽车的方法步骤

（1）将汽车概括成一个立方体，把该立方体透视化，按比例上下和前后三等分几何体。一般情况下，以人的身高为模数，轿车的高度略低于一人高，车身长约三人高，车身宽约一人高。

（2）几何体画好后，用铅笔或单色笔将大体构造勾画出来。在表现图中，先安排好汽车所在的位置和方向，再起好轮廓。

（3）如需上色，画出车的大体颜色与光影，表现时要相对虚一些。车身分水平垂直两面，垂直面使用略深的固有色，水平面用鲜艳明亮的颜色。

（4）对汽车主体进行细致刻画，同时要注意明暗、质感。车窗玻璃用灰蓝色或茶灰色薄薄地罩上一层，车内人物隐约可见，然后点画高光，玻璃反光要有虚有实，车身两个面转折处画亮线，亮面局部稍做反光。车灯、保险杠用灰色并点出高光，车轮用灰色画出轮圈，最后可强调车身阴影和车灯发出的光。

二、船舶与飞机

船舶与飞机都有衬托景观的作用，在庙会、港口、码头、机场的景观作品中，通过巧妙的安排，可使画面充满生活气息和繁忙的景象。船舶、飞机的材质和结构与汽车基本一致，画法也相似，也是先将形体概括成简单的几何体块，然后对细部进行细致刻画。

第九节　园林景观中天空的表现

天空与地面一样，是构成画面的主要场景界面之一，可以决定整幅画面的色调和整体感觉。天空有急剧变化的一面，可为景观表现提供更好的艺术创作条件和氛围。可以阳光灿烂、白云朵朵、晨光当空；也可以阴雨绵绵、暮色蔼蔼。天空的存在，使画面得到平衡，有利于烘托主体、突出中心。

云是天空中灵动的音符，可以让碧空有着蜿蜒的变化，也让画作变得生动自然，选择好云的走向会让画面空间感更强。但切记不要让云彩太过突出，破坏了画面的整体效果。如图 4-79 所示。

图 4-79　天空的表现方法

绘制天空的技巧如下。

（1）天空作为衬景，不能刻画得太细致，应弱化表现，始终为加强效果而服务。

（2）天空中的云有蜿蜒起伏的形态，不要依据建筑的轮廓来画，因为天空是一种背景，而不是与建筑相并排的。

（3）当天空颜色内深外浅时有聚焦作用，内浅外深的天空也能帮助画面突出主体，适用于庄重的建筑和漂亮的主体物。

（4）天空接近地平线处和白色云中可以增加一些暖色，使天空看起来更真实。

（5）绘制天空时，一般用留白手法来处理白云。色纸表现时，则用白色彩色铅笔和白色水粉来画。

【作业要求】

各种质感表现。

【作业规范】

A3 复印纸 2 张。

第五章 着色表现技法

【训练目的】

了解各类着色表现形式的效果，熟练掌握着色技巧和注意事项，掌握各类表现工具在造型表现方面的特点，并能恰当地综合运用于园林景观创作中。

【建议课时】

12 学时。

效果图的表现种类大体归纳为色感表现和快速表现两大类。色感表现类可分为单色表现和色彩表现；快速表现类又可分为铅笔表现和水笔表现，其中铅笔表现主要是以彩色铅笔和碳铅笔为主；而水笔表现主要是以钢笔、中性签字笔、针管笔、水彩笔、马克笔等工具来实现，这里主要讲解水笔表现。在景观设计中，水笔表现对物体、空间进行表现的形式主要有线画法、线面结合画法、钢笔淡彩画法和混合性画法四种，下面进行具体阐述。

一、景观设计的四种表现形式

（一）线画法

线画法是以钢笔、制图笔、签字笔为主要的绘图工具，以单线形式绘制的手法，勾画物体的形态、结构等的方法。

线画法是一种高度简洁而又效果明快的表现手法。它依靠线的曲直、粗细、刚柔、轻重等对比而富有韵律变化的线条，概括复杂的形态特征。如形体的轮廓、转折、虚实、比例以及质感等。线画法的便捷特性，使之成为设计师的基本功之一，是设计师进行思考、记录、达意的主要手段。同时，线画法也有它的弱点，对质感和空间感的表现力不够强烈。如图 5-1 所示。

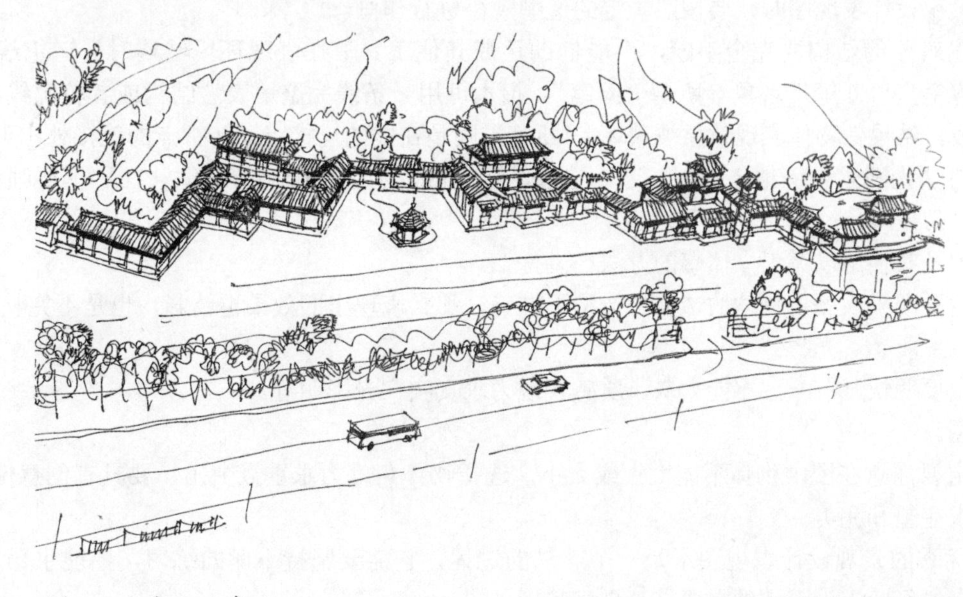

图 5-1　线画法表现

（二）线面结合画法

线面结合画法是景观设计表现中最为常用的一种技法。线面结合画法利用钩尖钢笔、马克笔或水彩笔等，在线画法表现的基础上，加上一定层次的面，如形体的转折、暗部、阴影等。用不同的线型或面表现出物体结构的不同部位，如用较粗的线或面表现轮廓和暗部；用较细的线表现环境的结构和亮部；用长短、疏密不同的线来表现材质或形体的过渡变化等。这种线面结合形式不但完整地保留单体勾画的效果，而且能表现出物体的空间感和层次感，具有较强的艺术韵味，使画面更生动、更善于变化。如图 5-2 所示。

（三）钢笔淡彩画法

钢笔淡彩画法是在结合线画法和线面结合画法两种表现方法的基础上，施以概括性的色彩表现，通常采用马克笔、透明水色、彩色铅笔等记录和表现物体的色彩变化、明暗变化等基本的颜色倾向和色彩关系，本着快捷、简便的原则，不必面面俱到、过多润饰。这种形式最大的特点是能将物体的形态和色彩较为系统地记录下来，使物体表现得更加完整，从而获得更好的表现力。如图 5-3 所示。

（四）综合性画法

综合性画法是基于以上几种画法的特点，加以多种绘图用具和颜料的综合表现方法。如铅笔、蜡笔、色粉、水性铅笔等。使空间物体的表现更细腻，色彩更加丰富，质感更突出。

（五）四种画法的区别

如上所述，表现景观空间的方法有线画法、线面结合画法、钢笔淡彩画法和综合性画法四种。这四种画法各有特点，其中，线画法的特点是以简单明确的线条勾勒形象的基本结构形态，不需复杂华丽的修饰和烘托。用这种画法必须做到胸有成竹，先在心中把画面安排得当，成熟后再落笔，抓住物体的本质结构一气呵成；线面结合画法是通过刻画物体的转折、明暗关系，强调其体积感和空间感的一种画图方法，类似西方的素描。但钢笔不同于铅笔，笔触没有轻重变化，主要靠线条的疏密变化来表现明暗关系。综合画法取前两种画法的长处，用单线勾画基本的形体结构，再适当加以排线表现阴影来刻画对象的立体感。

二、绘画时应注意的事项

在绘制景观设计表现图时，要按照一定的造型规律进行作画。

（1）描述对象的结构要完全手绘，不能借助尺或其他工具；在表现环境结构时，运笔线条要流畅，不要出现“碎笔”、“断笔”现象。所谓“碎笔”，指本可用一条线完整地表达结构或者轮廓线，却用多条碎线拼接而成，结果使物体表现效果被破坏；“断笔”则是在线的连接点、转折点的连接处出现断接现象，或将两条线自认为严丝合缝地搭建在一起，造成结构松散、造型不准确等弊病。在这里要强调的是，尽量做到“宁过勿缺”。

（2）透视及其他用以突出立体感的方法。

透视一定要准确，如果物体的透视、造型不准确，那么表现出的效果再精彩，也是不完整的。

（3）色调、质感、光影。

色调一定要明快、统一，不能太灰，质感表现力求真实，光影明确。

（4）构图。

构图一定要注意在图中物体不能太大或太小，选择物体角度力求重点突出，要具有创意性、真实性，不要刻意追求完整和完美。

绘制出优秀的景观设计表现图不是一个容易的过程，它需要坚持不懈的练习，熟能生巧，在日积月累中丰富自身的经验，为设计的完成打下良好基础。

图 5-2

图 5-3

图 5-2 线面结合画法

图 5-3 钢笔淡彩画法

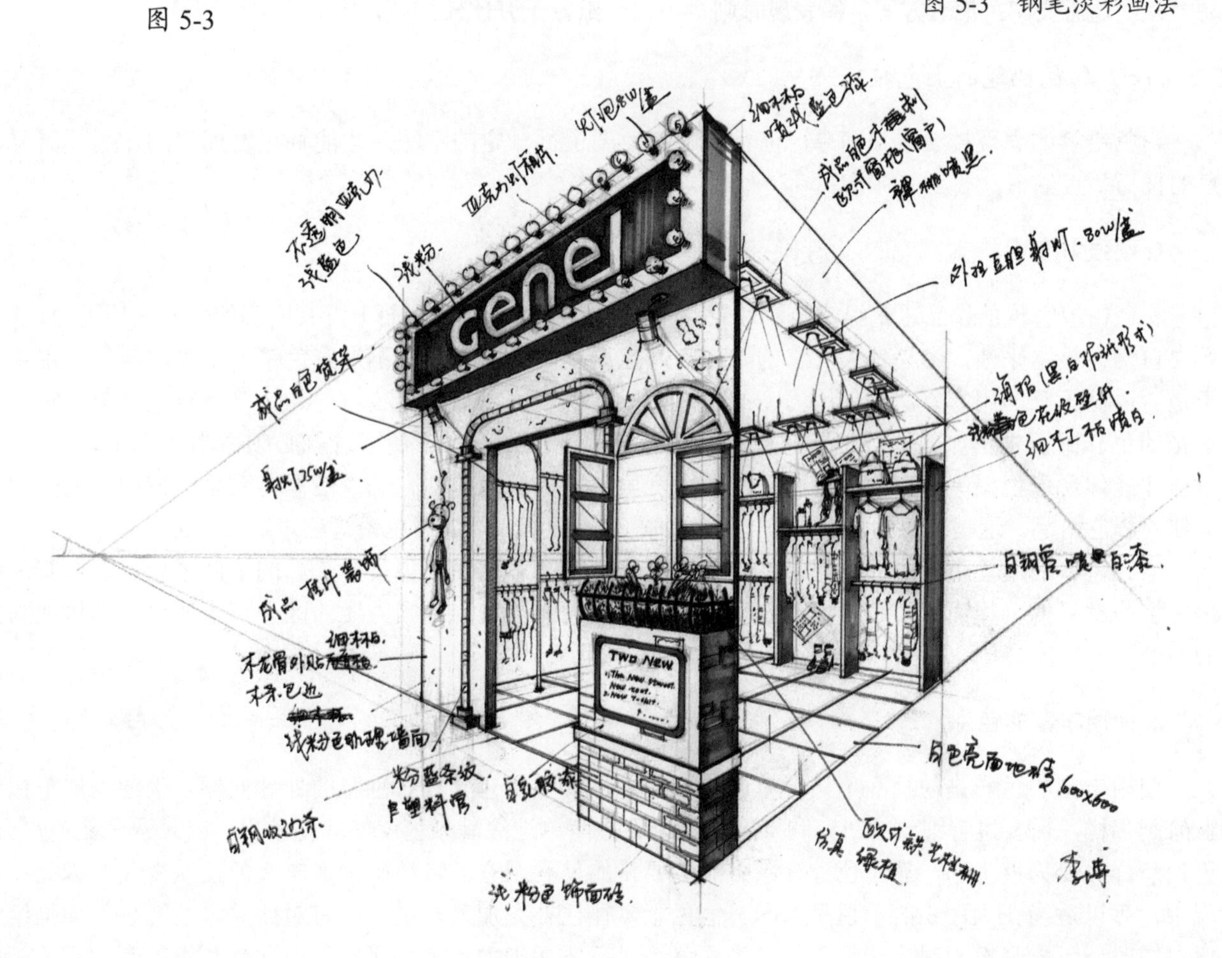

第一节 铅笔表现

一、普通铅笔

铅笔是最普通、最常用的绘画工具。可能大多数人认为铅笔表现不是真正意义上的手绘表现，事实上，在手绘表现的过程中，铅笔表现占有非常重要的地位，与绘图笔表现相比较，铅笔效果更富于变化，更独具魅力。

用来表现效果图的铅笔有很多种，可按照景观效果图的画面需要自由搭配使用。铅笔用途很广，使用灵活，如根据使用力度的不同可画出深浅不一、宽度各异的线条；通过涂抹施色或线条疏密来表现色调变化；容易修改，得到很多专业人士的喜爱。但在大多数情况下，铅笔多表现一些概念草图或意境示意图，有时也表现方案最后的成稿，或以铅笔稿为基础加上颜色，渲染出生动的效果。

铅笔表现追求的是线条的流畅性，因此对铅笔表现不会强求硬度与速度，但对形体的表达不能过于简单概括。在绘制的过程中要对“倒钩”、“钉头鼠尾”的现象加以纠正性的练习。

二、彩色铅笔

彩色铅笔简称彩铅。它便于携带，能应用于多种表现形式，技法难度不大，较容易掌握，是设计师常用的简便快捷的手绘表现工具。彩色铅笔使用历史最悠久，绘制的速度快，也能充分表现空间关系。彩色铅笔中水溶性彩色铅笔质地比较细腻，而且可与水结合使用，所以在表现领域应用得非常多。水溶性彩色铅笔可以在不同类型、质地的纸张上使用，产生各种各样的肌理效果。在具体设计，特别是勾画草图时，多使用复印纸。原因是复印纸价格低廉、纸质顺滑，用以勾画草图较为顺手，设计状态放松，易于激发构思灵感。最后方案定稿表现时则多用白卡纸，纸张比较细腻，容易表现出细节。

（一）彩色铅笔的上色技巧

彩色铅笔的表现技法看似简单，但并不随意，要遵循一定的章法，才能真正发挥它的作用。需要注意的技巧要点如下。

1. 增强力度

彩色铅笔表现的作品总是很浅淡，效果并不怎么艳丽醒目，当画面上没有明确的色彩和明度对比时，效果自然会显得平淡，容易使人对它的表现力产生质疑。实际上这并不是彩色铅笔本身的问题，主要在于是否遵循正确的用笔方法和使用力度的轻重造成的。彩色铅笔的笔芯与普通铅笔是有区别的，它对于纸张的色彩附着性不如铅笔强。要想充分表现彩色铅笔的色彩，在使用时就必须适当加大用笔的力度，这样才能体现彩色铅笔应有的表现力。增强力度虽然是非常简单的方法，但很多人总以使用铅笔的力度去使用彩色铅笔，这是首要的意识欠缺，这样做是无法理解和掌握彩色铅笔色彩特性的。

增强整体的用笔力度能够发挥彩色铅笔的优势，这是彩色铅笔与其他工具的不同之处，但在实际使用中不是盲目的一概而论，还要根据表现内容和效果的需要进行不同力度的区分，才能更好地体现画面的明度和层次关系。

2. 使用丰富的色彩

使用丰富的色彩是使画面不显得单调的技巧，这其中也包含着对色彩的处理问题。手绘表现不像专业绘画那样，需要进行细致的研究和推敲，但也不是简单地涂满颜色就能取得效果。对于彩色铅笔来讲，无论怎样改变力度大小，靠单色进行涂染的主要目的是利用它的特性来创造丰富的层次变化，因此在表现中，可以适当在大面积的单色里调配其他色彩，往往补充加入与主色调有对比关系的颜色，如描绘绿色书馆时，不能只有深绿、浅绿、墨绿等绿色系，还要适当加入黄色或橙色。这是利用冷暖关系互相衬托的表现方法，非常具有形式感，能使画面色彩层次丰富、艳丽生动，还能体现轻松、浪漫的气氛效果。所以在初期练习阶段，应该大胆加入各种色彩，不断尝试多种色彩的搭配和调和的效果。

彩色铅笔的色彩搭配带有较强的自由性，因此不要过分顾忌搭配是否符合原则，要使用丰富的色彩进行搭配。以树冠作为示例：绿色是树冠的固有色，占主要成分，作为搭配而加入暖色可起到修饰作用，但稍微融合点缀就好，不能反客为主，要注意色彩的主次关系，另外远景的色彩不适宜做过于丰富的处理。

3. 笔触统一

笔触是体现彩色铅笔技巧的一个重要方法，因为彩色铅笔的笔触注重一定的规律性，笔触向统一的方向倾斜，效果非常突出，很能体现形式的美感，不仅简便易学，而且利于实现良好的画面效果。

统一的笔触可以使画面效果完整而和谐，这是针对大面积色彩而言的，但并不是绝对的，一些边角与细节的处理还需要随形体关系进行调整，要学会灵活的变化笔触方向和手法。

使用彩色铅笔进行表现，追求的是画面效果的浪漫清新、活泼而富于动感。彩色铅笔表现是一种形式感较强的着色方式，因此，用彩色铅笔着色前，黑白底稿要使用绘图笔来表现，并且尽量处理得细致完整。

（二）彩色铅笔表现

彩色铅笔上色步骤如下。

（1）用黑色或灰色铅笔在纸面上画出透视草图，注意构图和配景的位置。

（2）将彩色铅笔笔尖磨好，根据面积由大到小、色块由浅至灰过渡的原则从左到右统一着色。在整幅图的上色过程当中，要先确定画面的明暗层次关系。可先给主体部分上色；然后给周围绿色植物上淡色，确定物体的固有色；接着，将主体部分的暗部画出来，加强画面的层次感；最后全面调整，将画面的明暗关系拉大，强调对主体的表达。

（3）根据上色原则，将画面光影、明暗进行深度刻画。

（4）查漏补缺，用黑色的彩色铅笔将边缘轮廓、光影等细节问题进行处理。

如图 5-4 所示。

图 5-4　彩色铅笔的表现技法

第二节　钢 笔 表 现

钢笔是景观表现中运用范围最为广泛的一种工具，在绘图中钢笔工具的种类扩展到针管笔、自来水笔等，使用方式分为徒手画和尺规画两种。钢笔画多用线和点叠加的方法来表现景观的空间层次，并常与水彩、马克笔和彩色铅笔结合应用。如图 5-5 所示。

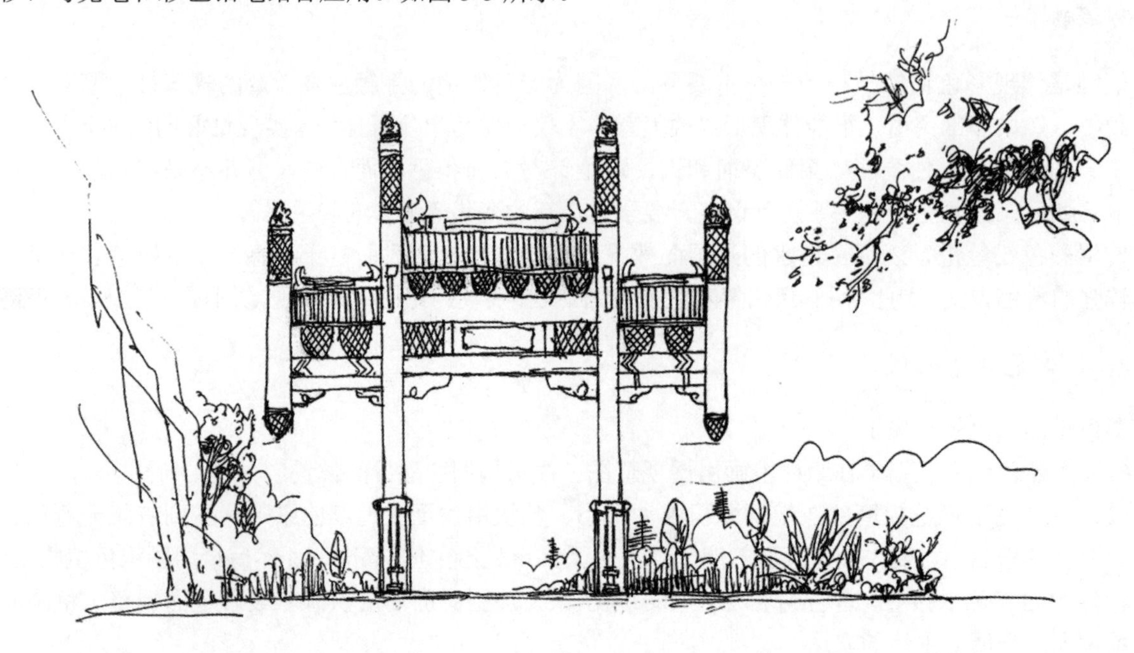

图 5-5　钢笔画的表现技法

钢笔画的特点主要是通过单色线条的变化及由线条轻重疏密组成的黑白调子来表现物象的，黑白对比强烈，画面效果细致紧凑，对所表现空间的单体能做到细致入微的刻画，对于大空间能进行高度的艺术概括，有较强的造型能力。

钢笔画绘制的简要步骤如下。

（1）考虑好构图、视点、透视关系后，用铅笔起好透视效果图。

（2）将物体的形态进行概况整理，调整构图。

（3）细致刻画画面中的物体，勾画结构线和轮廓线。

（4）将画面中的光影、明暗和其他细节具体表现出来。

第三节　马克笔表现

马克笔是设计师手绘表现的专业工具。马克笔表现技法是国内设计师的首选，特别是在室内设计表现领域，被公认为最佳的表现形式。近年来，马克笔保持着很高的使用频率，手绘学习者们一直将马克笔表现技法作为正宗的手绘表现形式。马克笔之所以受到如此青睐，主要是因为它具有很多优点，如便于携带；使用起来快速简便；画面效果简洁、干脆等，马克笔比较适合小范围空间，特别是室内形式的表现。但是，这种工具也有局限性，只适用于一定的表现形式和目的，不能盲目地追随或者摒弃，要熟悉马克笔的特性，掌握基本使用技法，提高客观认识，根据实际情况而有针对性地进行选择。

一、马克笔的上色技巧

马克笔表现是一种着色的形式，它的上色方法近似于水彩画法，色彩丰富、表现力强、快速干色，但不需要用水，着色速度快，使用简便，绘制的习惯顺序也是先浅后深。其效果主要考察用笔技巧，下笔要大胆果断、干净利落、充满激情，首先画大面积的颜色，尽可能先将高光和亮部留白，再进行细部刻画。马克笔效果图在保存时要注意避免见光或长时间暴晒，以免出现褪色现象，要放在暗处或封闭保存。下面介绍马克笔的特性及其在用笔方面的技法和要求。

绘图前应先熟悉马克笔的特殊性和运笔方式。快速运笔能够画出整齐利落的笔触和色块，如运笔的速度较慢或稍作停留，颜色在吸水性较强的纸上就会渗开一小部分；在用笔过程中力度的大小不同也能产生不同明度的颜色。在练习中需多用心体会，反复加强练习，总结积累经验。具体技巧如下。

（一）笔头特点

马克笔的笔头是特制的，带有切角，它的形状决定了马克笔笔法的基本模式，并要求握笔具有一定的角度。笔头全面着纸，能画出较宽的线条；将握笔角度逐渐提高，画出来的线条就越来越细。这是它最基本的笔法，在表现过程中可以随时调整笔头着纸角度，画线时转动笔身，控制线条的粗细变化，这是马克笔很重要的用笔技巧。马克笔的线条有灵活多变的效果，笔触宽窄、粗细不同的灵活变化才能满足不同的表现需要。如图 5-6 所示。

（二）用笔力度

马克笔的用笔强调快速明确，追求一定的力度，一笔就是一笔。画出来的每条线都应该有清晰的起笔和收笔痕迹，这样才会显得完整有力。用笔时不需要加大整体力度，只需在起笔、收笔时略微加力即可；用笔速度也很重要，只有加快用笔速度才能更好地体现干脆、有力的效果，对于一些较长的线条应快速地一气呵成，中间不要停顿续笔。因此，在练习阶段，应尽量加快用笔速度，以便迅速适应马克笔的手感，快速进入状态。

（三）笔触方向

理论上，马克笔的笔触可以随造型或透视关系进行方向排列，但在实际操作中，横向与竖向的笔触排列最常用。尤其是竖向笔触，比较适合体现画面的视觉秩序，因此运用最为广泛。另外马克笔不适合表现过长的线段，要有意识地控制线段的长度，在固定范围内，通常使用较短的距离作为笔触排列的方向。

（四）排线形式

最能直接体现马克笔表现效果的是笔触。而笔触的运用讲求一定的章法，最常用的是排线形式。排线形式就是线条的简单平行排列，是笔触的整合形态，目的是为画面建立次序感，无论是水性还是油性马克笔，笔触间的重叠痕迹都会很明显。技巧就在于笔触之间的关系处理，一种排列技巧是特意制造出规则的压边痕迹；另一种是空隙排列方式，指在笔触之间留出一定的、富有变化的微量间距。笔触是马克笔的魅力所在，它所表现出来的情感如平和、奔放、洒脱、激情等往往能使观者产生共鸣。如图 5-7 所示。

图 5-6　笔头不同位置画出的笔触粗细

图 5-7　马克笔排线

（五）涂染效果及过渡处理

综合运用马克笔能表现出平涂、退晕、叠加等效果。作法为：① 平涂，通过马克笔平和、快速地运笔，尽可能一笔接一笔，笔触不重叠，即可产生平涂的效果；② 退晕，用颜色相近的马克笔平涂颜色，或用油性马克笔的笔尖略蘸一点酒精类稀释剂，或用水性马克笔蘸水快速运笔排线，都能产生由浅至深的退晕效果；③ 叠加，马克笔依靠笔触的停顿、衔接、重叠运笔的方法也能产生深浅不同的效果，用不同类型的马克笔运笔叠加，可以产生丰富的颜色，还可增强物体的色彩关系。

马克笔不适合做大面积的涂染，多为概括性表达，但是概括的手法也要做一些必要的过渡，而柔和的过渡效果是马克笔所不擅长的。这时就要依靠笔触的排列来解决过渡问题。马克笔表现过渡效果不能单靠深浅色差对比，而是利用折线的形式，笔触之间逐渐拉开距离，降低密度，区分出几个大色阶关系，概括地反映过渡效果。注意过渡色阶不宜过多，一般三四个层次即可。另外，随着折线空隙的加大，笔触也要越来越细，需要不断调整笔头角度。这是马克笔表现中常用的笔触技法形式，应该多加练习以便熟悉掌握。

（六）留白效果

留白效果是马克笔着色的重要技法。马克笔着色追求的是快速和简洁，对于大面积着色和过于细致的表达都不擅长。使用马克笔进行着色时要注意点到为止，要少而精。对主体内容的集中表现放在底色基础上，对次要内容的底色部分可以不做任何处理，保留空白即可。这样的画面效果反而会显得轻松、灵活，不但具有明确的层次关系，还能体现手绘创造的主控性。

（七）着色位置

物体着色的位置大多在形体的下半部，对形体上半部的着色要进行一定的省略。着色的步骤也是自下而上的，表现一种脚重头轻的效果。这种效果在铺垫底色的时候就应该体现出来，而后再逐步强调，颜色过渡区域采取的笔法即上述的折线过渡处理。

（八）整体色调

马克笔的色彩型号虽然很多，但由于它是颜料特性，笔触只能叠加覆盖而无法达到真正的融合，很难产生丰富、微妙的色彩层次变化。因此，用马克笔着色只能是进行固有色的表达，而不能像彩色铅笔那样使用丰富的色彩搭配。明确地说，马克笔着色表现的不是色彩变化，而是明暗的对比关系。因此曾有人做出评价：“马克笔画的是深浅，不是颜色。”同时，在马克笔着色中要尽量控制画面的色彩对比关系，使用较多的都是一些中性色，其中包含多种型号的灰色。整个画面保持中性色调，以少量的艳丽色彩进行点缀即可。

从上述技法特征可以看出，马克笔既有优点，也有一定的局限性。马克笔不适合表现太细小的物体，如树枝、线状物体等；也不适宜做大面积的涂染，需要概括性地表达，通过笔触的排列体现层次；马克笔无法表达丰富细腻的色彩层次变化，只能是固有色表达，强调明暗关系的对比，多以灰色调为主，用少量的鲜艳颜色进行点缀。认识到马克笔的局限性，才能正确大胆地运用它来进行效果处理。为了克服其局限性，可以采取特殊的笔触和色彩处理方式强化效果。在实际表现中，马克笔表现技法的要领与捷径就是：突出笔触的秩序和力度效果；少量点缀色彩；拉开明度对比层次；针对小场景题材来进行表现。

二、马克笔的上色步骤

（1）先以铅笔起好图稿，然后以针管笔或钢笔（现在常使用的中性签字笔更方便）勾勒，注意物体的主次关系及细节的刻画。注意马克笔着色所使用的黑白底稿一般采用以线描为主的快速表现形式，所用线条也尽量体现洒脱、自如、节奏鲜明的活跃效果，而不要采用过于完整而细腻的表达方式。

（2）以灰色马克笔为主，由浅至深，从远处或画面的趣味中心开始，确定物体的大概明暗关系。使用马克笔进行着色要遵循由浅入深的规律，强调先后次序来进行分层处理。在着色初期通常使用较浅的中性色做铺垫，称为底色处理；而后逐步添加物体固有色等其他色彩，使画面丰满起来；最后使用较重的颜色进行边角处理，拉开明暗对比关系。按照这种步骤操作可以非常有效地体现画面的层次效果。

（3）按照物体的固有色上色，确定整个画面的色彩基调。

（4）逐步添加颜色，对细部进行刻画，使画面丰满，最后使用较重的颜色加强画面暗部及边角色彩，拉开整体明暗关系的对比，使画面统一，并有层次感。

如图 5-8 所示。

图 5-8　马克笔的表现技法

第四节　水彩表现

水彩是带有传统性质的高层次手绘表现形式。在国外建筑、环境等设计行业的手绘表现领域中应用十分广泛，居于主流地位。目前国内的设计师用水彩进行手绘表现的还不是很多，部分业内人士认为水彩是一种传统的表现形式，只适用于细腻的渲染表现，节奏过于舒缓，无法适应当今实际工作的需要；也有人感觉学习水彩画比较麻烦，技法难度很高，不易掌握。诸多因素都在影响着水彩表现应用的普及，因此很多手绘学习者对水彩产生了抵触心理，尽量回避这种表达方式。实际上，国外有很多艺术家都是采用水彩室外写生来进行素材积累的，这说明水彩的表现技法不仅仅是细腻的渲染，也具备快速表现的能力，具有色叠加次数不宜过多，色彩过浓后不易修改的特点。

水彩画法的表现力完全建立在色调的透明上，因而材料的选择必须使用白纸作画，以保留画面的亮度和颜色的纯度。水彩色可分为两种，一种是纸形的（照相色），稀释后即可用于作画；另一种是瓶装的液态颜料。

一、水彩的上色技巧

在手绘学习中，水彩渲染是一种传统的训练模式，但水彩在实际应用中往往被用作快速表现，技法也已经提炼、简化，以突出画面效果为主，注重水彩的特性效果和技法特征。水彩快速表现中需要注意以下技巧。

（一）颜料含水量的控制

水彩是较为透明的水溶性颜料，水彩表现主要是围绕着一个“水”字，需要配合充足的水分，水量的把握对于快速表现尤为重要。这个要求虽然简单，但很多初学者缺乏魄力，怕颜料过稀。但要了解水分是水彩技法的首要特性和初步要求，应用一定要大胆。水彩的颜色浓淡要靠水来控制，水多了则淡，水少了则是原色，对水量的把握是画水彩的重要问题。在对画面初步着色时要求色彩含水量最大，一般用笔尖蘸少许颜料，再用将大量水分加以稀释调和即可。敢于在水彩颜料中大量加水是水彩表现的捷径，可以给着色留有余地，提高着色控制力，对于初学者来说，大胆添加水分还能营造清淡的效果，确保色彩关系的相对平衡、和谐，从而有效淡化不和谐的甚至是错误的色彩搭配。

（二）用笔技巧

用笔技巧也很重要。在水彩快速表现中，建议采用点笔法。点笔法是快速而跳跃的用笔方式，也是一种笔触形式。点笔法并不是用笔尖来表现的，而是用笔的侧锋着纸形成类似点状的笔触。使用点笔法时动作要灵活放松、富有弹性，形成有节奏的跳跃，笔触之间自然搭接连通。需注意的是每个点状笔触的面积都应尽量扩大而不是缩小。另外，点状笔触不能独立出现，而是要相互融合。也就是说，对一个范围的着色不是星星点点的，也不能简单地平涂，而是要将点连成片。点笔时留下的偶然间隙也是一种特色效果。

（三）着色次序

水彩的快速着色表现不是一次到位的，而是讲究次序章法，由浅入深、由整体到局部逐步进行的。在第一遍颜色未干时就上第二遍颜色的话，新的颜色就会化开，画面可以产生丰富的色彩变化；在第一遍颜色干后再画第二遍颜色，就会留下清晰的边缘，可用来明确物体的轮廓和画面的层次。时间在这里起到了很重要的作用，有时需要抓紧时间，在画面颜色未干时趁湿画;有时则要等到画面颜色干透后再画。尽量避免用橡皮擦涂画纸面，因为大量的擦涂会影响着色的匀净。

（四）色彩调配

水彩颜料调和性强，但颜色的混合调配不是在调色盘中进行的，而是通过毛笔着纸时水分的扩散使颜色进行融合的，这是水彩的重要技法特征之一。将一块底色涂好后，在未干的时候点入其他颜色，颜色之间会根据含水量的多少进行相应的扩散，呈现自然而含蓄的色彩融合效果。这种方法能区分颜色的湿润程度，底色含水量越大，颜色扩散的面积就越大。这种颜色的相互渗透要根据实际情况来把握，有时需要等到底色较干甚至快干时才点入附加色，创造轻微的扩散效果。

每次染色，应考虑与底色上已有色彩混合的复色效果，为避免画面发灰，最初上的颜色纯度可以高一些，以后多次渲染，其纯度自然会下降。作画时注意笔蘸色不要太干，水分不宜过多，否则会出现笔痕和洇出线外的不良效果。

（五）水迹效果

水迹的应用是水彩另一个非常重要的特性技法。水迹能体现清晰的边缘痕迹，比较适合对外轮廓形状进行概括性的描绘，效果非常自然随意。水迹技法操作非常简单，只要将含水量充足的颜色淤积在纸上，待其风干后就会出现水迹效果，颜色越多效果越明显。在应用水迹效果时，要刻意形成淤积的大水珠状，不要用干毛笔将水分吸走，也不要用吹风机进行烘干，耐心等待水分被纸张缓慢吸收，才会留下自然的水迹。显然，这种效果需花费一定的时间才能实现。

水彩的快速着色技法强调虚实结合的效果，通过颜色自然扩散而融合的着色技法是体现虚的效果，而水迹效果的运用在画面中则是实的成分，两种应配合使用。对于树冠、水面、绿地等面积较大的画面内容，一般先进行水分充足的铺垫着色，添加适当附加色进行色彩扩散融合效果的表现；而后用水迹对轮廓进行修正或局部点缀等处理。在实际表现中，虚才是水彩的主要效果，因此，自然融合在水彩中是主要技法，而水迹效果相比较而言所占比例应该略微少一些，同时适合处理在偏近景的部分。这种配合体现的是水彩着色的一种清淡朦胧而又柔中有刚的独特效果。

（六）沉淀特性

沉淀是水彩表现的一种特殊效果，而实际上，这归属于水彩颜料的特性。有时在大面积的色彩中会看到很多细小的颗粒，这就是颜料自身的沉淀。沉淀虽不是纯粹的技法，但各色水彩颜料的沉淀程度不同，在着色时可以有针对性地根据颜料的沉淀程度来选择，其中沉淀较明显的是群青和赭石。

（七）涂色轻薄

水彩表现需注意画面整洁，在涂色中很容易出现色彩“脏”的问题。水彩颜料虽然不同于水粉颜料，但如果添加水分过少，颜料也会有一定的厚度，产生较强的覆盖力。这种过厚的颜料在分层着色时会被后一层的颜色翻起来，就像和泥一样，造成色彩“脏”，所以水彩表现要求在颜料中添加大量水分而轻薄涂色。另外，调色时颜色种类过多也易产生“脏”色，在水彩快速表现中，通常用两种或三种颜色调和即可，并有明确的色彩主次之分。特别要谨慎使用较深的颜色，如深绿、普兰、熟褐等，尽量不要使用黑色。深色系如与其他颜色调和不当很容易出现“脏”色。

（八）留白技法

“留白”是水彩表现中一种非常重要的技法效果。水彩表现预留形体的空白处有栅栏、窗框、高光等。由于水彩颜色覆盖力差，在着色时要把大致的造型留出来，而非着色后用白粉色点提亮部。所谓“白粉色点提亮部”，是在水粉画或马克笔绘画中常用的表现技巧，指当画面的颜色深度达到预想效果，大关系基本完成后，可用有覆盖力的白色水粉对局部细小的地方提亮，表现出材质的质感特征、高光和反光位置的方法。在水彩快速表现中，本身颜色就十分浅淡的形象可归纳为白色，直接用留白的方式来处理，也是省略概括的一种技巧。

水彩体现的是一种清淡、含蓄、偏灰色调的画面效果，略显朦胧而又透澈轻盈，形成一种特有的气氛，水彩表现有时会用钢笔先画出明暗关系，再用水彩色局部着色，也被称为“钢笔淡彩表现”。

二、水彩表现

水彩的上色表现技巧很多，可以先将画面打湿，趁湿用颜色湿接的办法画出丰富的色彩变化，也可以先上色，再用滴水冲淡。根据要表现物体的肌理效果，采用撒盐、海绵、丝网等手段，产生肌理特效。

水彩表现步骤如下。

（1）用钢笔、签字笔或针管笔绘制完整的线稿。快速水彩表现对黑白底稿的要求限定不高，一般来说，如果使用绘图笔绘制底稿，画面效果多采用线描形式，若是铅笔底稿，采用线描或素描形式均可，底稿用线要轻，注意铅笔特有的虚实节奏，以此来配合水彩的着色效果。

（2）涂底色。确立整套色彩基调，要先在脑海中分析大体的色彩关系，从明度、纯度、冷暖度等方面确定层次，做到心中有数，然后开始着色。从整体出发，先进行大面积的着色铺垫，为画面建立起整体色调和色彩、明度关系。涂底色时颜料含水量要大，呈现清淡的整体效果，为了取得更好的色彩罩染和衔接效果，也可用海绵或羊毫笔先将画面打湿再上色，画面中大面积白色和亮色区域要精心保留下来。

（3）区分层次。从画面近处的树木、草地开始增加颜色，如在树冠底色半干时加入树冠的暗部颜色，形成柔和的渲染效果。这一层次的着色部分主要集中在形体的暗部，目的是加强色彩层次的表现，塑造形体大体面的关系，颜料含水量较底色渲染略少。

（4）进行画面深化，即画面的局部点缀，但不是纯粹的细节处理，主要目的是拉开明度对比关系，表达空间远近效果。画面深化要做到适可而止，这是水彩快速表现的难点。水彩快速表现并不追求丰富的层次效果，也无须进行细腻的处理，其难度主要在于对简化处理的度进行把控。

如图 5-9 所示。

图 5-9　水彩效果的表现技法

第五节　色粉笔表现

色粉，又称粉画、粉笔画等。色粉画是用色粉笔和炭笔直接在半透明柔软的草图纸上绘制的表现图，是景观建筑设计常用的一种表现方式。

色粉画的着色技法近似于水彩画，不需要添加色油或水等调色剂，画干迅速，不需等待或进行二次加工。作画时想停便停，随时都可以接着画，中间的停顿不影响画面效果。工具简易，便于携带，适于四处奔波的设计师使用。

一、色粉笔的上色技巧

（1）色粉笔的特点是笔头较大，勾出的线条较粗，不适宜表现大而复杂的画面，所以在手绘表现时色粉笔常被用来表现一种整体感。

（2）色粉笔既可以用线去组织画面，也可以像水粉一样大面积涂色，色彩既可平涂也可混合，还可用点彩法去表现物体的材质和造型，所以在快速表现中，掌握快捷方便的色粉笔表现技法是很有必要的。

二、色粉笔表现

色粉笔表现简要步骤如下。

（1）用铅笔画出透视草图。

（2）根据画面色调用单色确定基调，表现出基本的光影明暗关系。

（3）将较纯的颜色刻画出来。可先用色粉笔施完色后，再用纸笔进行修饰。

（4）用黑色铅笔对边缘和深颜色进行细致刻画，直至作品完成。

第六节　水粉和丙烯表现

水粉和丙烯是常用的表现方法，对纸张没有特别要求，只要纸张达到理想厚度即可，因此可选择专用的水粉纸或水彩纸的背面作为基础用纸。

一、水粉或丙烯表现的着色技巧

（一）颜料特性

水粉和丙烯特性很相似，颜料的色泽鲜艳、浓厚、不透明，具有良好的覆盖力，作为非透明的颜料比水彩更容易掌握，也易于修改。水粉和丙烯表现力强，能将物体的造型特征精细而准确地表现出来，既适用于绘制效果图，也适用于绘制精细图样。着色表现时，可使用水粉或丙烯与喷笔结合绘制画面，也可利用它们的非透明特性绘制细节，刻画人、车、植物等环境元素。但是，水粉色和丙烯色有自身的弱点：在画面湿润时明度较低，颜色较深；画面干后又会出现明度较高，颜色较浅的现象，这就要求我们理性掌握调色技巧。

（二）底色画法

水粉和丙烯画法一般都借用底色，这样可以省去大量的敷色时间。同时，先刷上具有一定明度和色彩倾向的底色，还便于控制画面的整体色调。通常，底色的选择以空间中主要明暗面的中间色或材料的固有色为基准。在作画的第一步，将整个纸面刷上统一的底色，注意底色的色度和光感变化可适当处理，根据所要表现的氛围调整轻重和深浅。待干后再进行物体形态的表现。在刷好底色的画面上加重物体暗部，提高亮部。细节部分可用厚画法深入刻画，这种画法突出质感，立体表现力强，但色调不明快、效果呆板。

（三）灵活运用色纸

色纸可有效地同一色调，使画面效果更为工整。通常进口的色纸效果较好，色纸颜色的选择依据环境的色彩基调，能为绘制带来很大方便。绘制方法与底色画法相同。

（四）薄厚画法相结合

可采用厚画法与薄画法相结合的方式进行绘制，大面积色块采用薄画法，薄涂一层，需重点表现的局部用厚重颜料进行细致的刻画描绘。

二、水粉和丙烯的表现步骤

水粉和丙烯绘制方法相同，均应严格按照步骤进行。这里主要以水粉为例，

着色表现步骤如下。

（1）构思。在作画之前应有一个全局性的构思，对画面的整体效果和各部分细节的处理，要有新颖、清晰的设想，以便能迅速表达构思。对于构图安排、色调选择、布局中的主次关系、强调与弱化、概况

与取舍的处理及着色的次序，都要做到胸有成竹。

（2）起稿。起稿的方法有两种：一种是直接起稿，是在已经裱好的画纸上直接用铅笔起稿；另一种是间接起稿。先在草纸上进行细致的推敲，再用拷贝纸将图稿转印成正稿，然后将正稿裱好。起稿时，要保证所表现的物体造型翔实、构图舒适、透视准确、结构清晰。

（3）着色。水粉色有良好的覆盖力，着色步骤相应灵活、自由。在着色时要注意整体关系，落笔要大胆，不拘泥于细节。先在宏观上控制画面的整体效果，随着对作品的深入刻画，逐布由整体转入局部，细心刻画每个需表现的设计细节。表现时，要先画背景后画主体建筑物，最后画植物、人物等配景，并随时对画面的整体关系进行调整，逐步完成作品。

第七节　电脑辅助表现

电脑辅助表现是一种徒手绘制线描稿，然后用电脑上色的表现形式，受到设计师的广泛喜爱。这种表现形式是在模拟马克笔、水彩等已得到充分发展的技法的基础上形成的，具有自身的特点和优势，如运用广泛、干净方便、易于修改、效果丰富等。如图 5-10 所示。

图 5-10　电脑辅助表现(黄文宪、邢洪涛)

【作业要求】

临摹与写生相结合，收集景观实景照片，进行配景的手绘临摹表现。

【作业规范】

A3 复印纸 1 张。

第六章 园林景观方案整体设计流程

【训练目的】

初步了解方案设计的图样顺序，了解工程设计的整体流程，明确施工和招投标现状及特点。

【建议课时】

12 学时。

园林景观工程设计的基本流程大致可分为计划制定、概念方案、方案设计、扩初设计、施工图、施工配合等几个阶段。

一、制订计划

设计过程中每个设计部门都必须制订计划。在既定条件下根据客户的需求、预算、规划和设计目标等内容来制订相应的计划，然后根据计划推导各个具体实施步骤和设计构思，直至设计方案开始。如设计项目的总预算、项目阶段、风格要求、使用人群、使用性质、交通等。

（一）初步了解

建设项目的业主（俗称“甲方”）会邀请一家或几家设计单位进行方案设计。

作为设计方（俗称“乙方”）在与业主初步接触时，要了解整个项目的概况，包括建设规模、投资规模、可持续发展等方面，特别要了解业主对这个项目的总体框架方向和基本实施内容。总体框架方向确定了这个项目是一个什么性质的绿地，基本实施内容确定了绿地的服务对象。这两点把握住了，规划总原则就可以正确制定了。

另外，业主会选派熟悉基地情况的人员，陪同总体规划师到基地现场踏勘，收集规划设计前必须掌握的原始资料。

（二）实地分析

实地分析在设计中非常重要，漏失任何一个考察因素都有可能让设计成本提高。在方案实施场地中要因地制宜，考虑各种对方案有影响的因素，包括所处地区的气候条件：气温、光照、季风风向、水文、地质土壤（酸碱性、地下水位）；周围环境：主要道路、车流方向、人流方向；基地内环境：湖泊、河流、水渠分布状况、各处地形标高、走向，如场地高度、坡地、现成景观、历史遗留、交通、气候、植被等。

总体规划师结合业主提供的基地现状图（又称 " 红线图 "），对基地进行总体了解，对影响较大的因素做到心中有底。进行总体构思时，针对不利因素加以克服和避让；有利因素充分地合理利用。此外，还要在总体和一些特殊的基地地块内进行摄影，将实地现状的情况带回去，以便加深对基地的感性认识。

二、概念方案阶段

本阶段的目标是在满足功能的前提下，协调人与环境的关系，通过设计营造更舒适的人居环境。因此，我们在设计过程中要学会变换角色，站在不同立场上考虑，尽量满足政府、居住者、游人、甲方等不同人群的需求。另外还要注意人与景的关系，即人是否可以参与其中，做到情景交融。本阶段具体包括以下内容。

（1）搜集资料。包括甲方设计委托书、地界红线图电子文档、地质勘察报告、气象资料、水文地质资料、实地拍摄的照片、当地文化历史资料等。

（2）分析消费者心态，确定方案立意和大体构图形态。

（3）做功能区划分，进行交通功能分析、绿化分析、景观分析，深化方案。

在具体的设计过程中，设计师必须要以视觉的方式提出设计理念，把初期设计的成果汇报给客户，同时也作为内部交流的参考资料。这种理念在经过设计计划和场地实地分析后就可以提出了。设计理念要对既得的信息进行分析、判断和综合，形成最佳的创意方案，之后把概念图表、关键部分的草图、透视草图和设计理念阐述给客户。再根据客户反馈意见，制定具体的设计构思和概念设计。

三、方案设计阶段

基地现场收集资料后，必须立即进行整理、归纳，以防遗忘那些较细小的却有较大影响因素的环节。待设计理念得到客户认可后，即可以进行最关键的一步——方案设计。这个过程是整个设计过程中最辛苦和最出彩的阶段，也是影响方案成败与否的关键，所以设计部门和设计师都在此投入大量的精力，以确保设计高质量的完成。在着手进行总体规划构思之前，必须认真阅读业主提供的《设计任务书》或《设计招标书》。在《设计任务书》中详细列出了业主对建设项目的各方面要求：总体定位性质、内容、投资规模、技术经济相符控制及设计周期等。这里需提醒刚入门的设计人员，要特别重视对设计任务书的阅读和理解，一遍不够，多看几遍，充分理解，吃透《设计任务书》最基本的“精髓”。

在进行总体规划构思时，要将业主提出的项目总体定位作一构想，并与抽象的文化内涵以及深层的警世寓意相结合，同时必须考虑将《设计任务书》中的规划内容融合到有形的规划构图中去。

构思草图只是一个初步的规划轮廓，接下去要将草图结合收集到的原始资料进行补充、修改。逐步明确总图中的入口、广场、道路、湖面、绿地、建筑小品、管理用房等各元素的具体位置。这次修改要使整个规划在功能上趋于合理，在构图形式上符合园林景观设计的基本原则，美观、舒适。

平面设计是整个方案的基础设计，要根据场地实际分析取得的结果进行推导设计，同时结合一定基本设计方法进行规划。这些组成平面的基本方法包括：直线型、45° 斜线型、放射线型、弧形和相切型、非规则型、曲线型等方式。这些基本方法是一种基本的设计符号，是平面构思的切入点。它们都有自己的特征说明，可以根据客户的要求选择不同的设计元素进行设计。

（1）内容。在概念设计的基础上，对不同地段的形象进行细化设计，对植物大概的配植、大致地形、景观建筑的基本定位进行确定。

（2）要求。主要景点要有定位定量的表达。确定有形的东西如园林建筑、水体、地形、植物等，为造价预算打好基础。

（3）目的。准确地把握效果，进行相对准确的造价预算。

四、方案的第二次修改、文本的制作包装

在方案设计的基础上进行精确的定位、定量、定材料，制定翔实的设计概算。

经过初次修改后的规划构思，还不能说是完全成熟的方案。设计人员应虚心好学、集思广益，多渠道、多层次、多次数地听取各方面的建议，向有经验的设计师讨教。往往在交流、沟通、参考其他设计人员的经验后，能大幅提高方案的新意与活力。

大多数规划方案，甲方在时间要求上往往比较紧迫，设计人员要特别注意避免以下两个问题。

（1）只顾进度，一味求快，最后导致设计内容简单枯燥、无新意，甚至完全搬抄其他方案，图面质量粗糙，不符合设计任务书要求。

（2）过多地更改设计方案构思，花大量时间、精力去追求图面包装的精美，而忽视对规划方案本身质量的重视。这里所说的方案质量是指规划原则是否正确，立意是否具有新意，构图是否合理、简洁、美观，是否具可操作性等。

整个方案定下来后，图文的包装必不可少。现在，方案的包装越来越受到业主与设计单位的重视。最后将规划方案的说明、投资框（估）算、水电设计的一些主要节点等汇编成文字部分；将规划平面图、功能分区图、绿化种植图、小品设计图、全景透视图、局部景点透视图等，汇编成图纸部分。文字部分与图纸部分结合形成一套完整的规划方案文本。

方案确立后，下一步的任务是通过手绘或电脑制图对设计方案进行表现。一套完整的方案应包括设计说明、区位现状图、总平面图、功能结构图、交通分析图、绿化结构图、景观分析图、总体鸟瞰图、局部鸟瞰图、局部剖立面图、绿化景观示意图、公共设施铺装示意图。其中平面图可采用在CAD中绘制，导入Photoshop中填色的方法，也可直接手工绘制；各种分析图是在总平面图的基础上添加路线或区域绘制而成的；鸟瞰图手绘表现要看设计区域的大小而定，较大面积的区域适合用轴侧图来表现；面积较小的区域则适合用透视图来表现；也可用3ds max或草图大师建模、渲染，用Photoshop进行后期处理的方法来实现。

五、施工图阶段

设计师的方案构思必须用图示语言和文字语言表达出来才能和客户进行交流，平面图、立面图、剖面图、效果图都是视觉传达的手段，有些方案或许还要提交模型、动画等才能将方案交代清楚。

（一）基地的再勘察

这里所提的基地再次勘察，与方案初期的基地勘察有以下几点不同。

（1）参与人员的范围扩大。方案初期参与人员为设计项目负责人和主要设计人员，此次则需增加建筑、结构、水、电等专业的设计人员。

（2）踏勘深度的不同。方案初期为粗勘，此次则为精勘。

（3）目的不同。此次勘察使之方案初期勘察的基础上，掌握最新的、变化了的基地情况。

两次勘察相隔较长时间，现场情况必然有所变化，设计人员必须找出对设计影响较大的变化因素，加以研究，并调整随后进行的施工图设计。

（二）施工图绘制的顺序及要求

实地项目中很多大工程、市（区）重点工程的施工周期都相当紧促，往往竣工日期先确定，再从后向前倒排施工进度。这就要求设计人员打破常规的出图程序，实行“先要先出图”的方式，以免耽误工期。一般来讲，在大型园林景观绿地的施工图设计中，施工方急需的图纸包括以下几类。

（1）总平面放样定位图（俗称方格网图）。

（2）竖向设计图（俗称土方地形图）。

（3）一些主要的大剖面图。

（4）土方平衡表（包含总进、出土方量）。

（5）水的总体上水、下水，管网布置图，主要材料表。

（6）电的总平面布置图、系统图等。

同时，这些较早完成的图纸要做到两个结合。其一，同一空间的施工图之间要相互对应，要能“自圆其说”；其二，已完成的施工图纸与后期陆续完成的图纸之间要有准确的衔接和连续关系。

（三）施工图绘制

（1）绘制内容包括地形、种植（植物种类，数量）、给排水、建筑、用材（建筑、景观）等方面详细的施工图纸，提出施工概算。

（2）绘制要求：定位定量，详细、准确地进行施工概算。

（3）绘制目的：用图纸指导实际施工。

从这方面看，作为项目设计负责人，不仅要掌握扎实的设计理论知识和丰富的实践经验，更要具有极强的工作责任心和优良的职业道德，才能更好地担当起这一重任。

六、施工配合阶段

设计的施工配合工作常常会被忽略，然而，这一环节对设计师、对工程项目本身却相当重要，它是设计方案顺利、准确实施的重要保障。

（一）施工配合的内容

（1）现场设计指导。包括指导设计，监督施工。

（2）现场设计变更。包括结合现场状况对设计进行适当变更，配合补充图纸，与施工方协调解决现场实际问题。

（二）施工配合的要求

施工配合要求设计师监督施工，确保施工质量，结合实际情况及时对设计图进行补充。

（三）施工配合的目的

施工配合的最终目的是使方案能够按照设计进度准确地落实到现场。

（四）备注

施工配合看似简单，实际上细碎的问题非常多。因为施工现场总有无法预知的突发状况，施工方经常需要与设计师交流，稍有不慎就会影响工程建成后的正常使用。同时，施工配合也是园林工程设计必不可少的部分，是项目从图纸到实现的枢纽环节。

总之，从最初的概念设计到最后正式建成投入使用，中途要经过多个阶段，每个阶段的侧重点都不同，这就要求设计师不仅要有扎实的专业功底，还要善于与人交流，善于协调种植、建筑、设计、施工各个方面的衔接，善于统筹规划。所以要对其他相关专业的知识有大概的了解，以便在实际工作中能够与各行各业的合作者交流沟通。

其次，为了让设计能在现实中实现，现场的监督和调整是必不可少的，要理论与实践相结合，就不能纸上谈兵，现场的随机应变能力是必须着力培养的。

最后，一个优秀的设计师必须要认真对待自己的每一件作品，想要做出好的设计绝不能依靠惯性和经验，只有竭尽全力的设计才可能获得真正的成功。

【作业要求】

模拟设计流程对校园的绿化用地进行重新规划建设，形成成套草图。

【作业规范】

A3 复印纸 5 张。

第七章 作品赏析

【训练目的】

借鉴典型的作品，分析其表现方法，并作为参考资料，为创作园林景观设计作品提供素材。

【建议课时】

8 学时。

图 7-1　陈红卫作品 1

图 7-2　陈红卫作品 2

图 7-3　海鹰作品

图 7-4　黄文宪作品 1

图 7-5　黄文宪作品 2

图 7-6　黄文宪作品 3

图 7-7 黄文宪作品 4

图 7-8 黄文宪作品 5

图 7-9　连柏慧作品 1

图 7-10　连柏慧作品 2

图 7-11　沙沛作品 1

图 7-12　沙沛作品 2

图 7-13　沙沛作品 3

图 7-14　沙沛作品 4

图 7-15　唐建作品 1

图 7-16　唐建作品 2

图 7-17　唐建作品 3

图 7-18　夏克梁作品 1

图 7-19　夏克梁作品 2

图 7-20　夏克梁作品 3

【作业要求】

改造城市某公园一角，使用特定主题进行创作及设计分析，并绘制鸟瞰着色效果图。

【作业规范】

A3 复印纸 1 张。

参考文献

[1] 胡长龙 . 园林景观手绘表现技法 . 北京：机械工业出版社，2006.
[2] 唐建 . 景观手绘速训 . 北京：中国水利水电出版社，2009.
[3] 赵航 . 景观 • 建筑手绘效果图表现技法 . 北京：中国青年出版社，2006.
[4] 冯信群，刘晓东 . 设计表达：景观绘画徒手表现 . 北京：高等教育出版社，2008.
[5] 培根 . 城市设计 . 黄富厢，朱琪，译 . 北京：中国建筑工业出版社，2008.
[6] 赵国斌 . 手绘效果图表现技法：景观设计 . 福州：福建美术出版社，2006.
[7] 张跃华 . 效果图表现技法 . 上海：东方出版中心，2008.
[8] 陈敏 . 环艺效果图表现技法 . 北京：中国民族摄影艺术出版社，2010.
[9] 孙成东 . 手绘建筑效果图技法 . 合肥：合肥工业大学出版社，2009.
[10] 孙科峰，江滨 . 快速景观设计 100 例 . 南京：江苏科学技术出版社，2007.
[11] 达里 . 美国建筑效果图绘制教程 . 王毅，王昊，译 . 上海：上海人民美术出版社，2008.